高职高专"十三五"规划教材
江苏省高校品牌专业"服装与服饰设计"系列教材

童装设计

潘维梅　马德东　季凤芹　主编

化学工业出版社
·北京·

本书是高职高专纺织服装类教材。本书在结合童装行业发展现状和国内服装专业院校实际教学需求的基础上，立足于童装产品全品类设计的专业理论知识和项目案例实施的教学全过程进行编写，内容主要涵盖了连衣裙、衬衫、T恤、牛仔服、毛衫、大衣、羽绒服、组合式童装等系统设计理论知识，以及各品类设计的项目任务案例。本书侧重艺术设计创意思维过程的展现，项目实施部分采用了大量图片，能使学生更加直观地理解造型、色彩、材质等诸多因素对作品最终状态的影响，更易激发学习兴趣和继续钻研的动力。本书可供服装专业学生学习使用，也可供童装设计人员和爱好者参考。

图书在版编目（CIP）数据

童装设计/潘维梅，马德东，季凤芹主编．—北京：化学工业出版社，2019.11
ISBN 978-7-122-35772-4

Ⅰ.①童… Ⅱ.①潘…②马…③季… Ⅲ.①童服-服装设计-高等职业教育-教材 Ⅳ.①TS941.716

中国版本图书馆CIP数据核字（2019）第258321号

责任编辑：王 可 蔡洪伟 王 芳　　　　装帧设计：王晓宇
责任校对：张雨彤

出版发行：化学工业出版社（北京市东城区青年湖南街13号　邮政编码100011）
印　　装：北京瑞禾彩色印刷有限公司
710mm×1000mm 1/16 印张11½ 字数256千字 2020年11月北京第1版第1次印刷

购书咨询：010-64518888　　　　售后服务：010-64518899
网　　址：http://www.cip.com.cn
凡购买本书，如有缺损质量问题，本社销售中心负责调换。

定　价：58.00元　　　　　　　　　　　　　　　　　　　版权所有　违者必究

　　随着儿童自我个性发展的需要、消费群体的增长、消费能力的提高、消费习惯的升级等因素的影响，中国童装产业的发展尤其是中高端童装市场迎来了良好的机遇，预计中高端童装在未来十年内将呈现一个高速发展的状态。安全的品质、良好的服务以及成熟的原创设计，是中高端童装品牌在长期的市场竞争中逐步确立并巩固信誉和地位的关键因素。

　　常州纺织服装职业技术学院服装与服饰设计专业是江苏省高校品牌专业，童装设计是该专业的核心课程。本课程围绕"童装品牌＋细分化设计任务"核心建设理念，以中高端品牌童装设计等岗位要求为课程培养目标，以产教融合、协同育人为主线，以童装设计工作室为载体，以乐鲨、美勒贝尔等中高端童装品牌设计任务为主要内容，培养学生主动获取童装设计等专业知识和技能的核心素养，提升学生的原创设计能力和岗位快速适应能力。《童装设计》为童装设计课程的配套教材，其内容涵盖了儿童连衣裙设计、儿童衬衫设计、儿童T恤设计、儿童牛仔服设计、儿童毛衫设计、儿童大衣设计、儿童羽绒服设计、组合式童装设计8个项目。教材的编写以中高端童装品牌产品细分化设计的实施为主要学习任务，通过对经典设计案例的分析与欣赏强化设计理解，培养学生的童装设计职业岗位能力、原创思维能力和设计创新能力。

　　本书由潘维梅、马德东、季凤芹主编，卞颖星、赵恺、王兴伟、陈丽霞参与编写，具体编写分工为：潘维梅负责编写项目一、三、八，季凤芹负责编写项目四、五，马德东负责编写项目六、七，卞颖星负责编写项目二，赵恺、王兴伟、陈丽霞负责收集资料、提供项目内容的建议以及案例作品制作。全书由潘维梅负责统稿。

　　由于作者水平有限，书中难免有疏漏之处，敬请各位读者批评指正。

编者
2019 年 11 月

目录
CONTENTS

项目一 儿童连衣裙设计

- 任务1　儿童连衣裙设计要素 / 002
  - 一、儿童连衣裙廓形设计 / 002
  - 二、儿童连衣裙色彩设计 / 004
  - 三、儿童连衣裙面料设计 / 008
- 任务2　项目案例实施 / 014
  - 一、项目主题：童语童真 / 014
  - 二、灵感来源 / 014
  - 三、配色解析 / 014
  - 四、款式解析 / 015
  - 五、配饰解析 / 015
  - 六、系列设计效果图 / 016
  - 七、系列设计款式图 / 016
- 任务3　品牌连衣裙赏析 / 017

项目二 儿童衬衫设计

- 任务1　儿童衬衫设计要素 / 024
  - 一、儿童衬衫廓形设计 / 024
  - 二、儿童衬衫细节设计 / 025
  - 三、儿童衬衫色彩设计 / 027
  - 四、儿童衬衫面料应用 / 030
  - 五、儿童衬衫工艺设计 / 030
  - 六、儿童衬衫图案设计 / 031
- 任务2　项目案例实施 / 034
  - 一、项目主题：森之奇缘 / 034
  - 二、主题解析 / 034

三、风格定位 / 035

四、配色解析 / 035

五、图案设计 / 036

六、系列设计效果图 / 037

七、系列设计款式图 / 037

● 任务3　品牌衬衫赏析 / 038

项目三　儿童T恤设计

● 任务1　儿童T恤设计要素 / 042

一、儿童T恤款式设计 / 042

二、儿童T恤色彩设计 / 042

三、儿童T恤面料应用 / 044

四、儿童T恤图案设计 / 045

五、儿童T恤装饰设计 / 048

六、T恤的文化价值 / 049

七、T恤的情感表达 / 049

● 任务2　项目案例实施 / 051

一、项目主题：校园两三事 / 051

二、灵感解析 / 051

三、配色解析 / 052

四、图案设计 / 052

五、风格定位 / 053

六、系列设计效果图 / 054

七、系列设计款式图 / 055

● 任务3　品牌T恤赏析 / 055

项目四　儿童牛仔服设计

● 任务1　儿童牛仔服设计要素 / 062

一、儿童牛仔服概述 / 062

二、儿童牛仔服面料概述 / 066

三、儿童牛仔服装的款式设计 / 067

四、儿童牛仔服色彩设计 / 068

五、儿童牛仔服装饰工艺设计 / 069

　　　　　　六、儿童牛仔服的风格 / 071
● 任务2　项目案例实施 / 073
　　　　　　一、项目主题：小小探险家 / 073
　　　　　　二、灵感来源 / 073
　　　　　　三、色彩分析 / 074
　　　　　　四、面料分析 / 074
　　　　　　五、款式分析 / 075
　　　　　　六、系列设计效果图 / 075
　　　　　　七、系列设计款式图 / 076
● 任务3　品牌牛仔服赏析 / 076

项目五　儿童毛衫设计

● 任务1　儿童毛衫设计要素 / 086
　　　　　　一、儿童毛衫概述 / 086
　　　　　　二、儿童毛衫分类 / 087
　　　　　　三、儿童毛衫的造型要素 / 090
　　　　　　四、儿童毛衫主要组织结构 / 095
　　　　　　五、儿童毛衫设计原则 / 098
● 任务2　项目案例实施 / 100
　　　　　　一、项目主题：巧克力威化 / 100
　　　　　　二、灵感解析 / 100
　　　　　　三、配色解析 / 101
　　　　　　四、造型解析 / 101
　　　　　　五、材质解析 / 102
　　　　　　六、系列设计效果图 / 102
　　　　　　七、系列设计款式图 / 103
● 任务3　品牌毛衫赏析 / 103

项目六 儿童大衣设计

- 任务1　儿童大衣设计要素 / 109
  - 一、儿童大衣概述 / 109
  - 二、儿童大衣面料应用 / 109
  - 三、儿童大衣廓形设计 / 110
  - 四、儿童大衣色彩设计 / 112
  - 五、儿童大衣细节设计 / 113
  - 六、儿童大衣图案设计 / 114
- 任务2　项目案例实施 / 117
  - 一、项目主题：红皇后的妙妙兔 / 117
  - 二、主题解析 / 117
  - 三、灵感解析 / 118
  - 四、配色解析 / 119
  - 五、风格定位 / 120
  - 六、材质解析 / 121
  - 七、配饰解析 / 122
  - 八、系列设计效果图 / 123
  - 九、系列设计款式图 / 124
  - 十、系列设计成衣展示 / 124
- 任务3　品牌大衣赏析 / 125

项目七 儿童羽绒服设计

- 任务1　儿童羽绒服设计要素 / 133
  - 一、儿童羽绒服概述 / 133
  - 二、儿童羽绒服面料应用 / 133
  - 三、儿童羽绒服色彩设计 / 135
  - 四、儿童羽绒服细节设计 / 137
  - 五、儿童羽绒服图案设计 / 138
- 任务2　项目案例实施 / 142
  - 一、项目主题：奇思妙点 / 142
  - 二、灵感解析 / 142
  - 三、配色解析 / 143

四、材质解析 / 144

五、系列设计效果图 / 144

六、系列设计款式图 / 145

七、系列设计成衣展示 / 145

- 任务3　品牌羽绒服赏析 / 146

项目八　组合式童装设计

- 任务1　组合式童装设计要素 / 151

一、组合式童装概述 / 151

二、组合式童装色彩设计 / 152

三、童装的主要风格 / 155

- 任务2　项目案例实施A / 162

一、项目主题：PLAY / 162

二、灵感来源 / 162

三、色彩分析 / 163

四、款式分析 / 163

五、配饰解析 / 164

六、系列设计效果图 / 164

七、系列设计款式图 / 165

- 任务3　项目案例实施B / 165

一、项目主题：爱的棉花糖 / 165

二、灵感来源 / 165

三、色彩分析 / 166

四、款式分析 / 167

五、面料分析 / 167

六、系列设计效果图 / 168

七、系列设计款式图 / 168

八、系列设计成衣展示 / 169

- 任务4　品牌童装赏析 / 169

参考文献

项目一

儿童连衣裙设计

任务1　儿童连衣裙设计要素

一　儿童连衣裙廓形设计

市场上的童装连衣裙看起来虽然千姿百态，但大多是在基本形态的基础上通过外部轮廓线和内部款式线的变化组合而形成的。廓形是指服装外部轮廓线形及其所表现出来的外观形态特征，它是服装形态中的第一视觉要素，能给人深刻的印象，在连衣裙设计中，廓形设计处于首要的地位，是表达服装风格和韵味的最关键因素。廓形的变化受到社会发展、政治经济、文化审美等各方面的影响，映射出特定时期内的审美倾向、文化习俗和流行风尚。

（一）影响童装连衣裙廓形变化的关键因素

1. 肩线

肩部是服装造型中局部负重最大的部位，因儿童的身体活动幅度、活动量都大于成人，连衣裙的肩线设计通常不会过于复杂，以简洁为主。因脖子较短，肩线设计在小童装中更要简洁、轻便、平整，不宜作复杂造型。也有少量礼服类的连衣裙，肩部会作堆积、多层次等复杂设计，但一定要搭配柔软、轻薄、亲肤的面料。

2. 腰线

在童装连衣裙的造型设计中，腰线变化较为丰富，腰线的位置、宽窄、松紧等因素对连衣裙整体风格的营造具有关键作用。根据腰线的高低，连衣裙可分为高腰式、中腰式、低腰式。由于儿童的肢体活动多，活动幅度大，高腰式和中腰式的设计更多被采用，偏高的腰线也更适合表达活泼风格，因此，低腰线设计总数偏少，并且大多应用在大龄女童装中。腰线设计还有松紧之分。一般来说，低龄儿童由于其体型的围度差量很少，连衣裙的腰线偏宽松，有的甚至接近或等宽于胸围。大龄女童连衣裙的腰线宽紧多变，倾向活泼运动、帅气利落风格的，多用宽腰设计；倾向于淑女端庄、高雅柔美风格的，多用紧腰设计。

3. 摆线

童装连衣裙的摆线设计相对于其他部位，最为自由多变。摆线造型在整件服装中功能性要求最低，只需下摆的围度足以容纳人体下肢的各种活动即可，因此，许多连衣裙的设计重点都会安排在下摆部位。连衣裙下摆的造型可以设计成平直型、波浪形、燕尾型、不对称型、花瓣形、流苏型、层叠型等。

（二）常见的童装连衣裙廓形及其特征

童装廓形的变化来自肩线、腰线、摆线的自由组合，这些组合使服装呈现出长短、松紧、曲直、软硬、凹凸等各种特征，这些特征能反映服装的风格，也能反映穿着者的个性和审美。童装的廓形设计与成人装相比，最重要的原则是应服从儿童的生理心理特征和生长发育需求，另外还要遵循安全和实用的原则，最后才是满足造型审美的需求。

廓形的分类方法很多，比较常见的有字母型、几何型、物象型。

1. 字母型

以字母命名的服装廓形分类方法是法国服装设计大师迪奥先生最先提出的，他将千变万化的服装廓形归纳成五种基本型：A型、O型、H型、T型、X型。在这些基本型的基础上进行局部的变化、添加或删减、加以装饰等，又可以产生出无穷无尽的变化造型出来。

由于儿童的身体处于一个快速发展变化的阶段，加上活泼好动的特性，常常会展现出天然而夸张的肢体姿态，因此，童装连衣裙的廓形设计大多数采用A型、O型、H型这三种。女装中经常看到的收紧下半部的一步裙、紧身长裙等T型廓形在女童裙装中极少被采用，扩张肩部、收紧腰部的X型也很少被采用。

A型：肩线收缩、摆线放松、腰线根据下摆围度自然顺延，整体视觉上呈现出上窄下宽的造型，类似字母A，此类连衣裙具有活泼可爱、生动流畅、富有活力的特点，特别适合儿童头大、肩窄、腹凸的体型特点（图1-1）。

O型：外形线呈椭圆形，其造型特点是肩部、腰部以及下摆处没有明显的棱角，两端收紧，中间放松，特别是腰部线条松弛、不收腰，整个外形比较饱满、圆润，外观呈圆形的造型。这种造型的连衣裙轻柔含蓄、活泼可爱、体积感强，是一种非常有趣味的样式，具有休闲、舒适、随意的特点。O型连衣裙造型夸张，体现儿童可爱憨厚的特点（图1-2）。

H型：肩线、腰线、摆线围度比较接近，整体呈现长方形轮廓，此类连衣裙简洁大方、轻松利落、朴实自然、修长端庄，倾向于休闲风格，尤其是运动针织类的连衣裙常采用此种廓形（图1-3）。

图1-1　A型连衣裙　　　　图1-2　O型连衣裙　　　　图1-3　H型连衣裙

童装连衣裙的外观形态千差万别，在字母型的廓形分类中，除了常见的这几种形态之外，还有许多非常态的造型，每一种造型都有其各自的风格特征，设计师应根据童装的风格及适用年龄适当地选择一种或多种形态进行搭配组合，使服装外观呈现多样性。

2. 几何型

几何型廓形具有高度的概括性和生动的形象性，几乎能归纳一切自然形态和人造形态外部最明显的特征，古今中外都十分适用。当把服装的外轮廓全部简化为线条时，服装的廓形基本上由直线和曲线组合而成，任何童装的造型皆是由单个或多个几何形、几何体排列组合而成。如三角形、方形、圆形、梯形等属于平面几何形，而长方体、锥体、球形等属于立体几何形。在童装的造型过程中，我们可以单独选取某一个形体或者多个形体进行组合,从而衍生出无穷尽的廓形变化。依据字母型的廓形特点,几何型的廓形分类也有其相对应的类别,如三角形、梯形、锥形等与 A 型类似,基本上是从 A 型基础上演变而来,O 型与圆形、球形类似,H 型与方形、矩形、长方体等类似,X 型则是由两个相对的梯形组合而成(图 1-4)。

3. 物象型

大千世界的万事万物皆有其独特的形态,利用剪影的手法把它们的外形变成平面的形式,再用线条概括成简洁的形态,经过提炼和组合,就形成新的廓形。如郁金香的外轮廓,在礼服类连衣裙廓形中就很常见,还有酒杯形、纺锤形、塔形、喇叭形等,但因童装连衣裙造型受制于儿童生理及安全性的要求,这些过于表现造型和形体特征的廓形就显示出一定的局限性(图 1-5)。

图 1-4　组合廓形连衣裙

图 1-5　章鱼型连衣裙

廓形是体现服装流行的重要因素,它不仅体现着时代的风貌,也是构成服装风格的关键部分,是表达儿童人体美的重要手段。但是,所有设计都要遵循以人为本的宗旨,无论廓形如何变化,童装设计首先要保证童装的功能性和实用性,以尊重不同年龄阶段儿童的体型特征,满足其生长发育的需求。儿童的体型随着年龄的增长处在不断变化之中,身体各个部位的尺寸在各个年龄段发生明显的变化,童装的款式设计要考虑服装是否足够宽松、适体,是否便于儿童的活动,在整体造型设计方面可以多考虑 H 型和 A 型,既宽松舒适又能体现出儿童活泼可爱的特点。

二 儿童连衣裙色彩设计

色彩是视觉设计三要素中视觉反映最强烈的一种要素,当我们带孩子到服装店选购衣服时,映入眼帘的第一感觉是服装的色彩、花型和服装的配色,其次才是款式。所以童装的色彩设计是整个童装设计中不可缺少的重要一环。色彩的表达关键在于色彩的搭配与组合后产生的意境。在童装设计中,"流行色"是相对"常用色"而言,是指在一定的社会范围内,一段时间内群众中广泛流传的带有倾向性的色彩。如果一种时兴色调受到某一地区人们的普遍喜爱并风行起来,就可以称为流行色。

此外，儿童上街不宜穿伪装色或色彩暗淡的服装，尤其要避免服装颜色与道路、建筑物的颜色近似，以免因忽视而造成危险事故。服装的色彩要鲜艳，特别是雾天应以穿红色、蓝色和黄色服装为宜，晚上以穿反光强的白色服装为宜。

（一）色彩与儿童心理的关系

色彩是童装最为重要的视觉语言，常常以不同形式的组合或装饰传达着童装的情感，这种情感也影响着儿童的心智发育，潜移默化地培养他们的艺术感知力。当童装色彩作用于儿童的视觉感官时，首先会使儿童出现视觉生理刺激和感受，同时进一步对儿童的情绪、行为产生影响，这个过程就是服饰色彩的视觉心理过程，人们对服饰色彩的各种表现和反应，随着色彩心理过程的形成而产生。童装可以用各种各样的颜色进行搭配，色彩搭配时一定要遵循和谐、情趣、流行和个性的规律。儿童的天性是天真、活泼好动，对世界充满新鲜感，具有极强的好奇心和冒险精神，因此，明快醒目的彩色是儿童最为喜欢的，若是在花型图案上再搭配有趣的动植物或卡通图案，不仅能够让孩子体会到快乐愉悦的情绪，而且也能激发他们的想象力和艺术感知力。

1. 色彩与儿童性格气质养成

每个人对色彩都有各自的喜好，儿童有其天性，对色彩的感知与理解也不同于成人。动物、植物图案或色彩鲜艳的其他装饰图案，会引起孩子的穿着兴趣，给儿童带来无限的快乐。对儿童来说，色彩各有其固定的意义，例如两种具有不同色彩的图案出现在同一个画面上，可能就代表孩子内心两种不同的愿望和感情。合理恰当的童装色彩不仅能够加强童装的视觉感染力，对儿童心理乃至性格气质的形成也会产生一定的积极作用。对颜色的潜意识选择有可能暴露孩子的深层个性与气质特征，如果极端地热爱某一种颜色，那么他的个性往往就越突出，呈现出与这个颜色相关的情绪倾向。喜欢橙色的孩子，多半较为活泼外向，具有表达能力强、善于人际交往的特点，性格上呈现出乐观、外向、活泼、大胆的气质特征，冲动且爱冒险，人缘很好，但有点以自我为中心；偏爱绿色的孩子，一般比较平静随和，文雅恬静；酷爱黄色的孩子，一般依赖心较强，十分重视亲密关系；爱好蓝色的孩子，则一般比较沉静理智，逻辑性强；喜欢红色的孩子，意味性格较为刚烈、热情，且感情丰富；喜爱粉色的女孩子大多充满爱心，细心体贴，拥有优雅、柔顺的气质，也常常成为受关注的焦点。

孩子对色彩的偏好和执着并非与生俱来，它是多种因素影响的结果，生活环境、地方文化习俗、父母的养育风格等都会直接影响孩子的心理发展。

2. 色彩与儿童审美能力培养

色彩的设计应以儿童生理、心理及活动特征为基点，要符合儿童生理、心理特点，帮助儿童养成良好的色彩审美。同时，启迪儿童对色彩、对美的追求，为培养日后正确的着装习惯和健康的行为意识打下基础。服装色彩要更好地呵护儿童，有益于他们的身心健康成长。

童装的色彩，要符合儿童的心理特征。儿童往往对某些色彩有特殊的爱好，如大红、橙、草绿、天蓝色等。红色、橙色易吸引儿童的注意力，产生兴奋、欢乐、温暖的感觉，经常用于服装中儿童喜欢的图案形象。而嫩绿、草绿象征着春天、生命、幼稚、活泼，是产生活力和希望的色彩，天蓝有沉静、开阔的感觉，这两种色彩可作为童装的基本色彩而大面积采用。

3. 不同年龄段儿童的色彩感知

出生后不久，大约3~4个月的婴儿已能初步辨认红、橙、黄、绿、天蓝、蓝、紫7种颜色。但对各种颜色的色度难以辨别，所以婴幼儿装色彩设计中避免用色度对比来区分不同物体的形象和部位。2岁前婴幼儿的视觉神经尚未发育完全，在此阶段用刺激性强的色彩容易伤害视觉神经，浅淡的色系会令他们对有颜色的东西格外敏感。儿童发育至6岁，智力增长较快，色彩鲜艳的服装更讨他们喜欢，在特定环境中，童装色彩还起到呵护儿童的作用，比如孩子的雨衣要使用色彩鲜亮的颜色。

（二）连衣裙色彩设计规律

儿童所处的生长阶段不同，其生理和心理特点也有较大的差异性，因此，不同年龄阶段的童装色彩设计也会随年龄的变化而变化。小童装色彩设计倾向于较多采用柔和明亮的色彩，中童装可以尝试饱和度稍低的色彩，大童装则几乎可以使用所有色彩。

1. 同色系的色彩搭配

同色系的色彩搭配是一种最简便、最基本的配色方法。同色系是由同一种色调变化而来，在色相上一致或比较接近，因明度或纯度的不同而产生对比。例如一件连衣裙，整个呈现出红色调，但其中有粉红，有深红，还有深蓝与天蓝、咖色与米色、亮黄与土黄等，同色系的搭配柔和而文雅，能产生秩序的渐进美感，取得端庄、沉静的效果，但这样的配色方法也容易给人单调感，过于接近的颜色易显得呆板而缺乏生气。因此，在配色时应仔细安排色彩之间的明度、纯度的对比度，或者通过不同面料的质感差异形成对比，使色彩形成丰富的层次，避免乏味无力，也可适当添加少量点缀色，在统一的基调中求得明快的对比效果（图1-6）。

图1-6　同色系连衣裙

2. 邻近色的色彩搭配

在色相环上，一种色彩与左右相邻色彩的关系称为邻近色，如红与橙、黄与绿、蓝与紫等。邻近色有近邻和远邻之分，有些书中将比较近的邻近色关系称为类似色，它们之间有较为密切的属性，通常含有相同的色相成分，例如黄色和黄绿色、紫色和紫红色，它们的搭配容易出现雅致、柔和、耐看的视觉效果。邻近色在搭配时应明确主色调，不同色彩在组合时应注意面积大小的对比。每一个颜色在使用时，都要精准确定其明度、纯度以及在整件服装中的部位（图1-7）。

3. 对比色的色彩搭配

对比色的色彩搭配是指相隔较远的颜色相配，一般指在色相环上相距90°~180°之间的两种颜色。其中，90°左右的色彩搭配也称中差色搭配，这种配色的对比既不强烈也不会太弱，如蓝绿色与黄色、蓝紫色，绿红色与蓝紫色、黄绿色等。在色相环上处于120°~180°之

图1-7　邻近色连衣裙

间的色彩对比较为强烈，如红色与青绿色等。相距180°的两个色彩又称为补色，如黄色与紫色、红色与绿色、蓝色与橙色等。他们在色彩中具有最强烈的对比关系。对比色的色彩搭配对人的视觉具有较强的刺激，浓烈的色彩气氛能给人带来耳目一新和惊艳的感受。但在实际运用当中，要注意黑、白、灰无彩色的调和作用，同时也要注意设计对象的年龄及生理、心理发育的特点，高饱和度、强对比色的色彩搭配一般不适用于低龄儿童（图1-8）。

童装对比色组合应用通常有以下几种方式，大块面对比色用于童装，色彩跳跃，活泼可爱；对比强的色彩组合中插入黑白色，色彩既鲜明又不冲突；采用补色双方面积大小不同的处理方法，在面积上形成主次关系；变化补色中一色的纯度或明度，注意明暗比例，在明度与纯度之间相互调节，减弱对比强度，有柔和感；一种色彩作为点缀色出现在其对比色为主的服装中，或者对比色互相穿插使用，使服装有设计层次感，颇具特色。掌握主色调，调整花样配色中的面积，使大面积占统治地位，求大处统一，小处对比，在对比中求统一，使主色调明确。

图1-8　对比色连衣裙

4. 无彩色系的色彩应用

黑白灰无彩色是非常容易与其他色彩搭配协调的色彩，因此，在童装设计中黑白灰无彩色经常会与有彩色组合。童装设计中无彩色与有彩色组合应用通常有以下几种方式：任何色彩与黑白色搭配都非常协调。有彩色图案出现在黑色或白色底色上活泼醒目，单调的同种色组合加入黑白色使得色彩层次丰富。黑色和白色可调和任何对比色。以黑、白间隔对比色，如以黑线条勾花、叶的边缘，或相互间留白（但不宜过多），起缓和或加强对比作用，且能起稳定和衬托作用（图1-9）。

图1-9　无彩色连衣裙

5. 整体色彩的意境

童装色彩的搭配除了基本原理的要求和技术上的要求以外，还要考虑到整体色彩意境的表现。色彩可以带给人们心理上的冷暖感。每种色彩还能传递其特有的情感和空间感。红色、橙色和黄色是一组暖色，可以带给人们心理上温暖活跃的感觉；蓝色、绿色和紫色是一组冷色，可以带给人们心理上平静理性的感觉，依此可以在服装上根据需要表现暖色调或冷色调的整体配色。明黄色、天蓝色是亮色，比较明快；咖啡色、藏蓝色等是暗色，比较沉稳；亮色与浅灰色组合是比较华美优雅的配色；高纯度色与高明度色组合是艳丽奔放的配色；暖色与亮色组合是活泼热情的配色；冷色与弱对比色组合是宁静安逸的配色。色彩组合方式的不同，将会在视觉上表达不同的审美，同时在情感上、意境上表达不同的象征意义（图1-10）。

图1-10　冷色调连衣裙

（三）色彩与材料之间的关系

色彩与材料关系紧密，可以说看到色彩就看到了所应用的材料。因此，我们在配色时不但要考虑色调的搭配，而且要结合面料选择。目前，市场上的纺织品类材料较多，但是同一花色，由于原料的性质不同，做成服装的效果也是不同的。不同纤维构成的面料或同种纤维不同组织结构的面料，会因光源的反射与环境的氛围而不同，即使是同一种色彩，也会因材质的变化带给人们不同的感受。比如，同样一种蓝色，在丝绸面料上使用就会显得华丽优雅；在呢绒面料上使用则会显得沉静安稳；在牛仔面料上使用会显得有活力、青春；在雪纺纱面料上使用就会显得清新凉爽。所以，在设计女童装时应重点考虑两者之间的关系。

（四）连衣裙色彩与肤色、年龄、环境的关系

肤色较白的儿童，一般来说不论配什么颜色都较适合，都显得美观而文雅，尤以选配鲜艳、明亮的色彩为佳。肤色偏黄或青黄的儿童，在服装配色时应尽量避开黄色、灰黑色和墨绿色，而应选择柔和的暖色调，如红、橙等色，以使皮肤显得红润健康。肤色较黑的儿童，不宜选配深暗色的，而应用对比鲜明的色彩。按照一般服装配色规律，肤色愈黑则愈适合选用对比较强的色调，以使服装显得更鲜艳夺目。

偏低龄的女童连衣裙在进行色彩设计时，应充分考虑儿童的视觉发育情况和对色彩的偏爱，多用柔和亲切的色调，有助于儿童建立安全温馨感。偏大龄的女童连衣裙在色彩上可以更加多样化，在了解这一年龄段儿童的生活习惯和喜好的基础上进行色彩设计，兼顾流行色的应用。

连衣裙虽然不属于功能性服装，但在穿用时也需考虑环境因素，例如在阴雨天灰蒙蒙的空间里，明亮显眼的色彩可以有效避免交通事故。而夜间外出活动时，如果服装上有反光材料和荧光物质，加强色彩的可视度更易被行人和车辆及时识别，无形中对儿童的安全做出了保障。

三 儿童连衣裙面料设计

（一）常规连衣裙面料的特性

棉织物：棉织物是以棉纤维为原料加工成的织物。棉织物是纯天然织物，手感柔软，穿着舒适、透气、保暖，吸湿性强，外观朴素，容易清洗，但弹性差，设计时可留有一定宽松余量。易皱，不易打理，会有轻微褪色现象。棉织物经高浓度烧碱（毛）处理后的全棉丝光面料，手感滑爽，颜色鲜艳，有丝般光泽，穿着舒适，是春夏季儿童连衣裙常用面料（图1-11）。

图1-11 棉织物连衣裙

真丝织物：丝织物是用桑蚕丝或柞蚕丝为主要原料加工成的织物。桑蚕丝织物光泽柔和明亮，手感爽滑柔软，是高档或中高档服装面料。柞蚕丝织物色泽和手感不及桑蚕丝，沾水易形成水渍（图1-12）。

麻织物：是以亚麻纤维和苎麻纤维为原料加工成的织物。因其原料都是亚麻纤维或苎麻

纤维，所以，在服用性能上有一些共同特点，麻制品都具有挺爽的手感和粗细不匀的纹理特征，比较粗硬，毛羽与人体接触时有刺痒感。麻的缺点是弹性差，制品易于起皱，起皱不易消失。麻织物吸湿性好，放湿快，导热性好，夏季穿着吸汗、干爽舒适，而且导热性好、挺爽、出汗后不贴身，尤其适用于夏季面料（图1-13）。

毛织物：毛织物是以羊毛、骆驼毛、兔毛等动物纤维为原料加工成的织物。毛织物手感柔软富有弹性，光泽柔和自然，穿着舒适美观，吸湿性好，不易导热，保暖性好，是秋冬季儿童连衣裙常用面料（图1-14）。

图1-12　丝织物连衣裙　　　图1-13　麻织物连衣裙　　　图1-14　毛织物连衣裙

（二）其他连衣裙面料的特性

针织面料：在童装业中占据着较大的比例，特别是电子针织机最新技术的推广，使针织产品生产迅速。针织物的特点是富有弹性，比较柔软，穿着舒适。针织物根据原料不同，具有不同的服用功能，如棉针织面料有比较好的透气性、吸湿性，特别适合做内衣。用针织材料制作的服装随意自然，线条流畅，再加上面料本身的纹路和网眼等肌理效果，使得服装独具魅力，别具一格。针织物品种繁多，有纯纺针织物、混纺针织物、变化组织针织物、花色组织针织物、复合组织针织物、经编针织物和纬编针织物等。其中各大类又包含许多具体的织物组织，如平纹、罗纹、单面或双反面等。制作儿童服装品种有四季可穿用的针织内衣及针织外套，如背心、内裤、连衣裙、外衣、风衣、薄羊毛衫、厚羊毛衫、毛衫外套等。织物以纱线的粗细或组织工艺不同呈现多种外观和风格。细针织物多用于儿童恤衫、针织套装、针织连衣裙、针织内衣等品种；粗针织物则多用于儿童的毛衣、毛裤、毛裙以及帽子、围巾等配件（图1-15）。

图1-15　针织面料连衣裙

天鹅绒：是绒类纬编针织物的一种，色泽鲜艳自然，绒毛细密饱满，手感舒适柔和，类似天鹅的里绒毛，近年来，随着天鹅绒面料在女装设计中的流行，某些童装品牌连衣裙面料的选取上会考虑天鹅绒（图1-16）。

灯芯绒：又称条绒。由一个系统的经纱和两个系统的纬纱（地纬和绒纬）交织成绒坯，然后割断绒纬并且进行刷毛而成。灯芯绒表面形成纵向绒条的织物，因绒条像旧时用的灯草芯得名。灯芯绒手感柔软、丰厚，绒条清晰饱满，保暖性好，坚牢耐磨，吸湿性好，具有休闲风格。适用于制作春、秋、冬三季各式外衣和连衣裙，尤其是童装（图1-17）。

图1-16　天鹅绒面料连衣裙　　　　　　　　图1-17　灯芯绒面料连衣裙

（三）连衣裙面料的图案设计

1. 趣味性图案设计

趣味性设计主要是通过各种手段和形式来吸引消费者，使消费者具有一定有趣、有吸引力的情感体验，创造出一种愉快的设计美学。它可以使设计呈现出不同寻常、奇异和迷人的特点。趣味性设计可以发挥自己的优势，使设计给人以友好的感觉，更好地架起设计师与观众之间的桥梁，作品也更能深入人心。对现代童装的趣味性进行分析，可以发现这些趣味性的表现可以分为：仿生的趣味、卡通形象的趣味、功能的趣味。

仿生的趣味。将我们日常所见的花、昆虫、动物等运用到其他的方面，这就是仿生。仿生的趣味性在于它模仿了我们日常所见的事物并把这些元素融合在服装的造型、色彩、图案上，不仅可以吸引儿童的注意力，也迎合了孩子的心理，使孩子乐于接受并且变得开心、愉快（图1-18）。

卡通形象的趣味。由于电视电影这些电子产品出现在我们的日常生活中，童装发生了很大的变化，卡通形象开始出现。到20世纪90年代米老鼠诞生，卡通形象在童装中的运用开始慢慢增多。随着时代的发展，各种各样的动画片出现，更多的卡通形象被运用到了童装设计中，比如米奇、哆啦A梦、喜羊羊、灰太狼等（图1-19）。

功能的趣味。设计师在设计童装时，不仅要考虑到简单的遮盖、保暖，而且应该进一步关注服装的功能性和趣味性。美观、方便、舒适的童装更加容易受到消费者们的欢迎。

2. 益智性图案设计

益智图案是开发儿童智力的重要因素，它可以融入日常生活中，开拓儿童的视野，让儿童发现世界的奇妙和美好。因此，童装设计要充分了解不同年龄阶段儿童的生理特征和心理特征，将图案设计得更加有吸引力，并将娱乐性和知识性融为一体，让儿童通过着装学习知识和道理，从而获得消费者的青睐。

不同年龄阶段的儿童有不同的智力发展差异，其喜好和关注点也会慢慢改变，0至2岁的儿童正处于视力敏感期，在这个时候选取色彩对比鲜明的图案就可以很好地刺激儿童的大脑发育，所以这一年龄阶段的童装图案设计可以以鲜明丰富的色彩图案为基础，如各种颜色的花朵、多彩的魔方以及自然界的各色景物等（图1-20）。

图1-18　仿生趣味连衣裙　　　　　图1-19　卡通趣味连衣裙　　　　　图1-20　花朵图案连衣裙

而2至4岁的儿童处于语言敏感期，所以这个年龄阶段的童装图案设计可以以刺激儿童的语言发展为主，比如可以将童装上的图案设计为一些简单的字母或者汉字，也可以画一些故事的情节。家长可以围绕衣服上的汉字或者字母教儿童识字，或者教儿童造句、背相关的古诗词等，也可以按衣服上所画的故事情节给儿童讲故事，这样就能很好地帮助儿童提升自我的语言能力，学会沟通（图1-21）。

4到6岁是儿童对外界事物非常敏感的时期，这个时期的儿童好奇心和探索心会非常强，因此可以给这个年龄阶段的儿童设计一些以探索世界为主题的童装图案，比如太空飞船或者是海底世界，这可以较好地激发儿童的想象力和探索力，让儿童学习到更多有趣的知识（图1-22）。

图1-21　字母图案连衣裙　　　　　图1-22　太空飞船图案连衣裙

3. 传统元素图案设计

现代童装设计源自西方，于20世纪30年代引入中国。即便是现在我们所看到的童装，在设计结构和设计风格上也没有延续中国传统文化。在中国民俗文化中，一些独特的文化符号具有丰富的内涵，积淀了中华民族传统文化。在现代童装设计中，将各类中国传统文化融入童装，可以赋予童装深刻的文化寓意和传统美学，形成系统化的童装文化，代表着中国文化特色的童装蕴含着强大的经济力量。

采用麒麟、莲花等图案，有愿儿童茁壮成长，不会受到风寒而引起疾病的意思。莲花象征着冰清玉洁、虎头和麒麟等表示多子多福。可以利用传统的儿童服装图案所采用的恰当图形表达文化观念和思想，并用模仿的手法将主题思想表达出来（图1-23）。

4. 涂鸦艺术图案设计

涂鸦（Graffiti）最初来源于意大利，意为"乱写"，涂鸦艺术指的是将图画乱涂于墙壁上。涂鸦行为的主要构成元素是文字、图形和图像符号等，大多涂鸦属于无意识的描绘，创作者通过涂鸦表达自己的个性和意图。现今的涂鸦艺术变成一种国际化运动，艺术效果更明显，被广泛应用于成人服饰和童装的设计中。

借助孩子对抽象和趣味涂鸦的向往，将涂鸦艺术应用于连衣裙图案设计，发展孩子的抽象意识，结合心理需求，将涂鸦图案活泼化，贴近孩子的天性，无形中慢慢提升儿童的审美能力，以便用儿童自己的抽象和趣味意识增强亲和力（图1-24）。

图1-23　莲花造型连衣裙

图1-24　涂鸦图案连衣裙

（四）连衣裙面料的创新设计

1. 环保理念的拼布设计

拼布作为一项具有悠久历史的工艺技法传承至今，已成为具有丰富艺术价值和文化内涵的时尚工艺。在近年的时尚生活产品中，拼布技法应用得非常广泛。国内外时装舞台上频频出现具有拼布元素的成衣；拼布艺术交流和展览活动在各地经常举办；市场上不时会见到各类拼布生活用品，如坐垫、背包、茶旗等。拼布所呈现的丰富视觉效果、精湛手工技法为时尚产品注入了新的活力。

中西方的传统拼布最早均源自节约理念。拼布在欧洲兴起于13到14世纪，当时欧洲大陆受寒流侵袭，用废旧布料拼缝成御寒的棉被在英国开始盛行；在中国，佛教规定弟子的服装应采用化缘或捡来的无用布，清洗后缝制成服装，即"袈裟"。伴随物质财富的丰富，拼布更多地展现其装饰审美功能。为了获得完美的拼接效果，人们从整块面料上裁剪需要的小块面料，这样做反而产生了更多的浪费，与拼布最初的理念背道而驰。

以儿童服装作为拼布设计对象，所采用的童装拼布面料均来自废旧服装或服装工艺制作课的下脚料，废料的二次利用体现了传统拼布的节约思想，也符合当今绿色环保、低碳生活的时代精神。

（1）传统拼布的工艺方法

传统拼布的工艺方法根据布片间的结合方式不同，可分为两大类：拼缝拼接和贴布拼接。拼缝拼接是最基础的拼布形式，具体方法是将要连接的两块布块正面相对，在反面衔接处缝合，然后从正面展开，形成布片的拼接轮廓。拼接完成后，为了加固和装饰拼接布面，常沿着拼接线轮廓进行压缝，也可以在拼接布面上绗缝图案。

贴布拼接是将裁剪好的布块按一定的规律拼接形成图案后，再与底布缝合。在缝合之前，常在拼布和底布之间加入填充物并在表面压缝，形成浮雕般的立体效果。也可以将布块层层套叠拼贴在底布上，使拼布更富层次感，如隋唐时期的堆绫工艺。

（2）传统拼布的色彩和图案特点

拼布的最大魅力就在于色彩、形状各异的面料组合搭配后呈现出千变万化的效果。拼布既可以是淡雅的单一素色拼接，也可以是色彩明快的多种纯色拼接，而更多的是繁杂的花色拼接。在传统拼布的图案中，既有规矩、秩序的图形组合，也有自由、无规律的随性拼接；既有朴实无华的沉静和稳重，也有风情万种的灿烂和艳丽。三角形、矩形、圆形、菱形等基本规则图案通过单元重复形成既严谨又缭乱的效果；不规则的几何形状通过设计形成趣味盎然的动植物图案或自然生活场景，富有浓浓的生活气息（图1-25）。

2. 科技材料的应用设计

科技进步带来的中国智造2020掀起了科技创新的热潮，童装面料在智能化创新中向感温变色、生态环保等多方向发展。

图1-25　拼布连衣裙

设计师在童装的面料选择时，可采用一些新型功能面料和环保面料，注重可持续发展，仔细计算成本，追求成本与新材料的最小化以及使用率的最大化。

感温变色是指在温度上升或者下降到一定程度时物体颜色发生改变的现象。将感温变色材料应用在童装中很有意义。首先，它能够提升服装的趣味性，使他们对外界的事物更加情趣盎然。其次，应用感温变色材料在童装中可以赋予服装功能性，如果应用变色温度合适的感温变色材料，妈妈们就可以根据图案或者颜色的变化来判断孩子是否因温差较大需要及时添加衣物、是否有发烧等身体不适现象，趣味的同时能够更好地关注到孩子身体的舒适、健康。

目前，市场上已有的新型环保面料包括有机棉、竹纤维等。有机棉天然无污染且吸湿性好，对婴幼儿皮肤无刺激；竹纤维含有抗菌物质，能够起到防臭、抗菌、除异味的作用，且不起皱、环保可再生。用这种面料做成的服装天然无公害，对皮肤没有损伤（图1-26）。

图1-26　竹纤维连衣裙

任务2　项目案例实施

一　项目主题：童语童真

二　灵感来源

　　这一系列的童装设计灵感来源于《格林童话》中耳熟能详的童话故事"灰姑娘"；设计元素主要为童话故事中的"南瓜马车""仙女裙""玻璃鞋"与"皇冠"。

三　配色解析

　　配色解析如图 1-27 所示。

图 1-27　配色解析

四 款式解析

款式解析如图 1-28 所示。

图 1-28　款式解析

五 配饰解析

配饰解析如图 1-29 所示。

图 1-29　配饰解析

六 系列设计效果图

系列设计效果图如图 1-30 所示。

图 1-30　系列设计效果图

七 系列设计款式图

系列设计款式图如图 1-31 所示。

图 1-31　系列设计款式图

任务3　品牌连衣裙赏析

品牌连衣裙赏析如图 1-32 ~ 图 1-55 所示。

图 1-32　Badgley Mischka 2019 春夏

图 1-33　Badgley Mischka 2019 春夏

图 1-34　Elisabetta Franchi 2019 春夏

图 1-35　Elisabetta Franchi 2018 秋冬

图 1-36　2019 爱登堡极致单品发布会

图 1-37　2019 爱登堡极致单品发布会

图 1-38　2019 爱登堡极致单品发布会

图 1-39　2019 爱登堡极致单品发布会

图 1-40　Aristocrat Kids 2019SS

图 1-41　Aristocrat Kids 2019SS

图 1-42　Aristocrat Kids 2019SS

图 1-43　Aristocrat Kids 2019SS

图1-44　Rock And Mouse 里加时装周 2019AW

图1-45　Rock And Mouse 里加时装周 2019AW

图1-46　Rock And Mouse 里加时装周 2019AW

图1-47　Rock And Mouse 里加时装周 2019AW

图1-48 Flower Nine 2019SS 北京

图1-49 Flower Nine 2019SS 北京

图1-50 Flower Nine 2019SS 北京

图1-51 Flower Nine 2019SS 北京

图1-52　Royal Family By Kristina As 2018AW 敖德萨

图1-53　Royal Family By Kristina As 2018AW 敖德萨

图1-54　Royal Family By Kristina As 2018AW 敖德萨

图1-55　Royal Family By Kristina As 2018AW 敖德萨

项目二

儿童衬衫设计

任务1　儿童衬衫设计要素

衬衫起源于西方贵族，西方贵族宫廷喜欢以衬衫做内搭，表现身份和生活品位。贵族的衬衫风范，伴随着第二次产业的发展，开始转变为大众着装。衬衫是百搭单品之一，深受家长和儿童的喜爱。潮童出行少不了的装扮之一，便是时尚百搭的衬衫。

衬衫设计，须以美观外型为导向，遵从童装设计款式平衡与比例的基本原则，准确把握儿童的心理需求与服装外观的轮廓形态。其一，立足于儿童的身体形态，基于常规款衬衫设计出不同的款式，充分体现儿童的身体之美，引导儿童从服饰中找到自身定位与气质，在实现外形线的基础上，突破造型单一的局面，与时俱进更新思想，以时代特征为导向，以儿童的精神风貌为基础，切实强化服装的轮廓设计。当然，在衬衫设计的过程中也要考虑到不同儿童的肩与腰等部位，增强服装外形线的设计，根据大众需求按照一定的比例进行缩放，紧紧把握住时代潮流，在理解和掌握审美意识的基础上合理选择设计环境。其二，应增强儿童服装结构线的设计，把握设计中的各个环节，将颜色、款式等实现无缝对接，增强服饰线条的整体感，也可以采用复式结构增强服装的舒适性，依据儿童身体不同线条确定好各自比例，并不断保持童装各部分设计的均衡，增强童装的稳定性，突破消极平衡原则，实现童装各部分的对比与平衡，并不断强化衣服的斜线处理，设计出端正与感觉上趣味性强的童装。其三，要依据儿童的身高合理增加口袋、衣身与衣领，按照黄金分割比例增强饰物、附件等的合理性，并反复运用童装设计规律，以柔和的动感为基础，色彩由深而浅，形状由大而小，逐渐形成线条和色彩等的重复性与趣味性，增强衬衫设计的韵律感。

一　儿童衬衫廓形设计

基本款：衬衫是穿在内外上衣之间，也可单独穿用的上衣。基本款呈H型，有领有袖，前开襟，五粒扣，袖口有扣，常贴身穿着（图2-1）。

A型款：S款式上表现为肩部合体，腰部不收，下摆扩大，下装则收紧腰部，扩大下摆，视觉上获得上窄下宽的A字形。往往给人以浪漫而活泼的感觉。

A型衬衫大多适用于女童衬衫的款式设计，展现穿着者的俏皮、活泼和可爱（图2-2）。

荷叶边、木耳边：荷叶边、木耳边是在童装中营造可爱、淑女风范的细节，多层次荷叶边缘的装饰带来了或俏皮、或娉娉婷婷的婉约式唯美效应。木耳边通过在服装边缘叠褶的工艺效果，点缀在边缘部位，如领口、门襟和袖口。零星的效果却让服装不缺细腻感的亮点，在女童衬衫设计中是重点的元素之一（图2-3）。

图2-1　基本款衬衫

图2-2　A型衬衫　　　　　　　　　　图2-3　荷叶边衬衫

三 儿童衬衫细节设计

1. 肩部

为了不束缚儿童身体的正常发育，童装的肩部设计较少应用复杂的造型和过多的装饰，圆润而简单的肩部设计更加适合儿童的体型和活动需求，结构设计要平坦而柔软，最好依照儿童的肩形略作调整。由于儿童比较活泼好动，肩部设计要有足够的放松量。由于幼童胸腹较为突显，为了避免下摆上翘，肩部可考虑育克设计，或者采用剪切、褶皱等处理，使衣服从胸部向下展开较多的量，自然覆盖住凸出的腹部（图2-4）。

图2-4　蕾丝育克女童衬衫

2. 衣领

衬衫衣领靠近儿童的头部，映衬他们稚嫩的脸庞，所以容易成为人们视线的聚焦点，但是考虑到儿童颈短的特征，领子设计不能太过复杂。幼童衬衫衣领高度要尽量缩短，以免低头转头时过多摩擦颈部皮肤，甚至还要考虑进食时，放置围兜等物品需要的空间。儿童衬衫领子的设计应平坦而光滑，不宜在领口设计烦琐的装饰，衣领装饰上灵活运用包边、小面积刺绣等工艺可以展现儿童活泼俏皮的一面，但注意过犹不及。小童的园服、衬衫等可以选用平贴领型的装领设计，圆圆脸庞的孩子比较适合V形领，下巴较尖的则适合小圆领或者翻领（图2-5）。

3. 门襟

幼童由于头部较大，衬衫的门襟设计通常采用开门襟或斜门襟设计，为了培养儿童生活自理习惯，让他们能力所能及地自己穿脱衣服，门襟开合的位置与尺寸、纽扣的大小与数量都需要仔细推敲。幼儿装和男童装衬衫的门襟大多数设计在服装的前中线处，部分女童衬衫为了款式造型的时尚性和多变性，也会把开口设计在肩部或后颈处（图2-6）。

4. 衣袖

童装袖身长度以及袖口宽度的设计要满足儿童的活动需求以及舒适性的要求，衣袖设计讲究装饰性和功能性的统一，优秀的袖型设计甚至可以弥补儿童天生肩形上的不足。袖

图 2-5　平贴翻领女童衬衫　　　　　图 2-6　侧门襟女童衬衫

型设计要注重与衣服整体的协调统一，且关注袖型与领型相互配合呼应。幼童手臂较短，个体胖瘦差异较大，袖型常用连身袖设计，该袖型宽松舒适，便于活动。幼童衬衫袖口的宽度，应足够成人的手进入，方便穿衣。朴素休闲风格的衬衫可以使用连身袖、插肩袖和装袖结构，其中连身袖宽松典雅，极具中式古典风格；插肩袖的活动余量最大，带有运动风格；装袖能塑造肩部造型，适合正式场合。袖口部分，可使用克夫袖口或是松紧带袖口，短袖常用开放式袖口，视性别、季节以及款式风格而定（图 2-7 ~ 图 2-9）。

图 2-7　克夫袖口　　　　　图 2-8　松紧带袖口　　　　　图 2-9　开放式袖口

5. 口袋

口袋是装饰性与实用性合二为一的部件，其种类很多，根据结构特点可分为贴袋、挖袋、插袋、里袋等。儿童衬衫大多用于春夏秋三季，口袋的设计以及与整件衣服的比例要统一协调。男童衬衫通常设计一个或两个胸部贴袋（图 2-10），女童衬衫的口袋可有可无，形状、位置、数量可根据服装风格确定。

图 2-10　胸部有贴袋的男童衬衫

三、儿童衬衫色彩设计

1. 儿童色彩认知

儿童对服装色彩的感知度要远超造型、面料和风格等方面，故作为童装设计的重要环节，在色彩企划时要综合考虑儿童的身体健康和心理素质的培育和发展。儿童对色彩的识别是随着年龄日渐增长的，色彩感知对儿童成长具有潜移默化的效应，不同年龄阶段不同性别的孩子对色彩偏爱也不尽相同。2岁前的婴幼儿视神经还没有完全发育，不可用艳丽浓重的刺激颜色，刚出生的婴儿只能分辨出黑色和白色，6周至2个月期间能分辨出红色，然后逐渐能分辨其他的鲜艳色彩，如黄色。4个月左右的婴儿，相较于波长较短的冷色如蓝、紫，更偏爱于波长较长的暖色如红、橙、黄，而带有红色的物品特别容易引起儿童的兴奋。2岁左右的儿童视觉神经发育到可初步认识彩虹七色，但很难辨别各颜色的色度，如红色系里粉红、西瓜红、夕阳红、水红色、紫红色、中国红等难以区分，比较擅长凝望和捕捉亮丽的颜色。到了4岁，儿童除了能正确分辨各基本颜色外，通过大人的教育引导，还逐渐掌握了各种混合色如紫色与橙色的辨别要领。4~6岁儿童，可以清晰识别四种以上的颜色，此时智力增长明显，能从混沌不清的暗色系中快速认出亮色系颜色。6~12岁是培养儿童德智体的关键时期，主观意识强，喜欢追求时尚元素，这一时期男孩大多阳刚坚强，女孩则文静秀气。儿童对色彩的冷暖色性有一定的识别力，且普遍喜欢暖色系如橘红、柠檬黄。他们具有先天直觉美感，对于色彩均衡和谐构成的选择，有57.6%以上与专家相一致，这表明儿童已有较好的色彩搭配的感觉。随着年龄增长，儿童对色彩的审美趣味会慢慢发生变化，不再仅仅喜欢鲜艳、对比强烈的色彩，也会喜欢协调柔和的、暗淡平静的色彩，对各种色彩的接受度越来越高。

2. 儿童色彩喜好和联想

色彩还可以让儿童萌生丰富的联想，首先是具体物品，如黄色联想到香蕉、绿色联想到树木；其次是抽象的观念或情感，如白色联想到纯洁、红色联想到热情；甚至还可以产生味觉感知，例如金黄色联想到刚出炉的面包、红色联想到西红柿、西瓜等。对颜色的无意识选择往往最直接反映儿童的内心世界，不同的个性带有不同的偏好，不同性别也会有不同的喜好，女童喜好色彩大多是粉、红、白、黄、蓝和黑，而男童大多喜欢绿、蓝、红、褐、灰和黑。

3. 肤色对儿童衬衫色彩设计的影响

对于肤色白皙的儿童来说，衬衫没有什么颜色禁忌，鲜艳、明亮的色彩更能映衬他们的肤色。肤色偏黄的儿童，为了避免显得没有精神，衬衫配色设计上要尽量避开黄色系、橄榄绿和炭灰色，亚洲儿童比较适合红、橙等柔和的暖色系，这类的颜色设计显得儿童肤色红润有光泽。对于肤色较黑的儿童，则适合选用对比较强的色调，避免使用灰暗色系的色彩。

4. 季节和环境对儿童衬衫色彩设计的影响

一般而言，春季常用色彩较为柔和明亮、带有温暖感的配色；夏季常用明度较高的色彩和冷色系色彩，使人有凉爽舒适感；秋季可以使用稳定饱满的色彩；冬季穿着衬衫的机会较少，可以使用偏暖的和厚重的色调。春秋季节儿童外衣在色彩上还要注意避免使用高纯度黄色，尤其是在南方的春季，纯黄色常会招惹更多的飞虫。

在特定环境中，童装色彩能起到保护儿童安全的功能：在灰蒙蒙的雨天和雾天里，艳丽饱和的颜色比较醒目，能避免交通事故；反光材料或荧光色的使用可以让夜间外出行走的儿童更容易被行人车辆注意到。童装颜色应避免选用与路面、墙面、车辆、标牌等颜色相仿的颜色，多使用能与这些颜色形成清冽对比的色系，增加户外儿童的可辨识度。

在寒冷地区，服装色彩就比较深一些，一般习惯于黑色、蓝色、紫色、深咖啡色等容易吸光的色彩；在炎热地区，则一般喜欢反光强的浅色调；风沙多的地区由于浅色调不耐脏，也应减少使用浅色调。

5. 性别倾向与色彩设计

1岁以内婴儿衬衫颜色的设计对其性别倾向有一定影响，到3岁时，服装性别倾向就非常明显了，相较于女童，男童对色彩喜欢视觉上的"明白感"，特别喜欢黑白分明、橙黑对比、蓝青相配这类的颜色组合；3岁以后的孩子已经开始懂得性别的区别，像男童有意识从服装上强调自己是个男孩子，颜色上更多选用黑白系或者蓝绿色系，这类颜色设计的服装在男童运动时相较于粉色、紫色也更耐脏。

通过对颜色特点的分析，针对颜色特点的儿童衬衫的色彩设计可以使用以下原理作为参考。对于情感过于脆弱、勇气不足的儿童，最好有意识地为他们准备红色等令人振奋的色彩的服装，用于培养孩子的勇气和坚强意志。鲜亮的橘黄色可以改善较孤僻儿童的心理状态，激发依恋情感。温和的绿色调和蓝色调，可以让有暴力倾向、破坏欲强的儿童趋向平静友好。基于社会约定俗成的观念，婴儿装里粉色代表女性，淡蓝色代表男性。对于性格暴躁的儿童，淡雅的紫色有助于塑造温和健康的心态。在明艳颜色的基础上，适当选择一些自然色，增加混合色、中间色的组合搭配，如深浅不一的橄榄绿、芥末黄，就会显得很有层次感。

6. 衬衫常见色彩以及特征

白色：白色是衬衫市场上最普及和经典的色彩，清新、淡雅、文艺。白衬衫最大的优点在于它的百搭，任何颜色、任何款式的下装都能与之搭配，可以单独穿着，也可外搭一件外套或者小背心穿着（图2-11）。

黑色与白色：黑与白是差异性最大的色彩，也是最常用的配色之一，黑白配色表达了个性分明，低调不喧哗，在人群中不张扬但也不容忽视的性格，大气而和谐，包容万物，彰显博大胸怀（图2-12）。

浅色调：女孩喜欢甜美的暖色及粉色调。儿童所处的生长阶段不同，其生理和心理特点不同，因此不同年龄段童装的色彩设计也会随着年龄的变化出现相应的变化和要求。婴儿和小童眼睛适应能力弱，服装的色彩不宜太鲜艳、太刺激，应尽量减少用大红色做衣料，一般采用明度、彩度适中的浅色调，如白色、浅红粉色、浅柠檬色、嫩黄、浅蓝、浅绿等，以映衬出婴幼儿纯真娇憨的可爱。而淡蓝、浅绿、粉色的色彩则显得明丽、灿烂，白色显得纯洁干净（如图2-13）。

中性色：男孩喜欢冷色、褐色及偏中性色调，中性色渐渐变为时尚色，男女皆宜的中性色主题继续崛起，回归更干净、更有洋裁感的童装造型。该主题在男女童装里同样重要，数据显示棕色新品的年同比整体呈增长趋势（英国增长68%，美国增长13%）。将该趋势用

图 2-11　白衬衫　　　　　　图 2-12　黑白配色衬衫

图 2-13　浅色调衬衫

于男孩服装，在女孩市场试水。可以参考中性色和米白配米白主题。美丽新世界和纯朴极简主义都是使用中性色调色板的重要预测主题（图 2-14）。

童装色彩与儿童的健康成长密不可分，儿童通过衣着的颜色感知、认识并了解世界，童装设计人员应以高度的社会责任感、敏锐的洞察力和强烈的时尚感，充分考虑到儿童的年龄、性别和兴趣等因素，多层次地深入探索色彩，设计出更多优秀的作品，促进儿童健康快乐地成长。

图 2-14　中性色衬衫

在进行儿童衬衫的色彩设计时，要考虑不同年龄儿童对色彩的偏好，也要考虑购买者（通常是儿童的家人或亲朋好友）的喜好，还要考虑地区、文化、气候、环境等因素。

四 儿童衬衫面料应用

服装的款式与色彩都必须借助面料来表达，不同的服装对面料的外观和性能有不同的要求。只有充分考虑儿童的生理特点，了解和掌握面料的特性，才能设计出有利于儿童健康的衬衫。

1. 婴幼儿衬衫

婴儿的皮肤表面湿度高，新陈代谢旺盛，易出汗，肌肤纤细，对外部的刺激十分敏感，易发生湿疹、斑疹。因此，选择轻柔、伸缩性好、容易吸水、保暖性强、透气性好、不易起静电且耐洗涤的精纺天然纤维面料比较适合，最好是全棉织品。厚薄不同的棉针织面料保暖性能和吸湿性能都非常符合这一年龄段的要求。

过硬的边缝、过粗的线迹，都易擦伤婴儿娇嫩的肌肤，尤其是颈部、腋窝、腹股沟易出汗部位，会因粗糙的衣料不断摩擦而发生局部充血和溃烂。所以夏季衬衫常选用纯棉细平布、纯棉针织布、纯丝织物和棉丝针织布等较薄面料；春秋冬季衬衫要求具有良好的保暖功能，可选用棉毛、针织灯芯绒、天鹅绒、毛圈等组织面料。

口欲期的婴幼儿可能会吸吮衣料，所以面料在染色、耐唾液色牢度和甲醛含量等方面要达到国家和国际环保材料的标准要求，pH值必须限定在 4.0 至 7.5 之间，甲醛含量必须≤20mg/kg，禁用可分解芳香胺染料，服装不得存在异味。

2. 中小童衬衫

中小童衬衫的制作材料以保暖性、吸湿性好的纯棉针织面料和薄棉布、双层纱布等为主，夏季使用细亚麻布或丝绸制作，清爽而适体。这个年龄段儿童服装的主要污染物是灰尘与食物污渍，所以服装要勤洗勤换，面料要耐水洗、耐磨且色牢度好。儿童运动量大，夏季应选用透气性好、吸湿性强的面料，使孩子穿着凉爽；秋冬季宜用保暖性好、耐洗、耐穿的较厚的面料。

3. 中大童衬衫

为保证儿童活动的舒适性，配合不同的季节可以选用不同厚度、织法的天然纤维面料和一些柔软易洗的天然纤维与化学纤维混纺的面料。春夏秋季衬衫面料可以是透气性强、柔软易洗的纯棉布、平绒、斜纹布和灯芯绒布，冬季可使用毛圈针织布、化纤混纺面料等，要求质轻、结实、耐洗、不褪色、缩水性小。

童装面料和款式要求比成人更严格，面料和辅料越来越强调天然、环保，针对儿童皮肤和身体特点，儿童衬衫多采用纯棉、天然彩棉、麻等吸湿透气性好的无害面料。

五 儿童衬衫工艺设计

1. 面料再造

对单一面料的再造影响了常规款童装的发展，面料再造不仅提高了服装的美学品质，还强调服装的艺术特点，同时增强了童装设计的原创性。常规款童装往往是在纹样上、颜色上适应市场当下的流行，这种日常穿着的服装一般会选用棉、麻、毛织物，多为舒适、安全、环保的面料，无论舒适程度还是安全程度，儿童衬衫的面料均高于成人服装的用料。常规款童装衬衫面料不仅常常使用印染、蜡染、喷绘、刺绣等平面手法，还会在立体感和层次感上做文章，使用抽褶、荷叶边、拼贴等手法，或添加其他材料形成一个图案等（图2-15）。

2. 印染

印染可通过染整、丝网印花、数码印花等方式实现，是简单的、常见的、平面的印花效果的加工方式。印染的方式较为容易实现，这种面料再造的方式，在现代成衣里面用得最多。现阶段小猪佩奇、海绵宝宝、米奇等热门的动画片是印染图案的主要灵感来源之一（图2-16）。

图2-15　刺绣女童衬衫

图2-16　印染衬衫

3. 透视层搭

层搭是变换或叠加原有服装部件的材质而形成新的设计。材料是影响设计风格和效果的重要因素之一，通过转换材料就可以形成许多富有新意的设计。网纱、网眼、欧根纱、PVC材质等透视面料与常规衬衫等面料叠加，产生叠加透视效果，让服装穿搭更具层次感（图2-17）。

六　儿童衬衫图案设计

图案设计是童装设计的点睛之笔，在童装衬衫中也常常使用图案作为设计重点，衬衫图案在设计时要遵循以下几个方面的规律：符合儿童心理特点，遵循服装图案自身规律，服从儿童衬衫的整体统一性，适应儿童体型特征和功能需求，符合材料与工艺条件。

儿童衬衫中图案的设计，除了考虑视觉美感外，要多从安全角度去考虑设计方案。衬衫上图案的色彩、形状、位置及其制作方法是否会对儿童的皮肤、视觉等生理特征产生不良影响。如装饰图案要不易脱落，图案上不能有可拉拽的小装饰，防止儿童误入

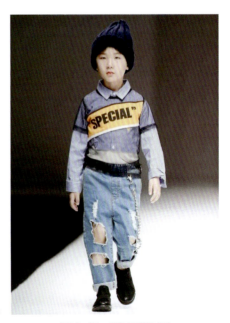

图2-17　透视层搭衬衫

口中引发危险；图案不宜过多、过大或太花哨，其位置一般考虑在胸前、后背、肩部、袖身、下摆等部位；装饰部位不宜太多，一般选一两处互相呼应设计，否则给人凌乱感；图案的制作尽量采用既美观又安全的方法，若选用印花方式制作图案，则必须采用环保型染色浆料。

图案在童装上的位置一般在领口、胸前、背部、口袋、门襟、下摆、裙边处等。由于前胸是仅次于头脸的视线关注部位，面积大，所以图案往往要求精巧而醒目，因此，在前胸做图案装饰的情况最多。背部较为宽阔、平坦，宜用自由式或适合式的大面积图案，以加强它作为人体背面主要视角的装饰效果。此外，单独图案和对称图案往往放在服装的前胸中心及左右两侧，会给人一种庄重感和威严感；不对称图案或相反图案会选择不对称的位置，如左右两侧，或者水平图案斜着放，或者选择一侧有图案而另一侧无图案的不对称方式，这种形式的图案，由于摆放位置及方向的变化会产生一种活泼感和青春感。

儿童服饰图案的题材包括：卡通图案、玩具图案、文字图案、水果图案、图形图案。除此之外还有花卉、风景、科普、民族传统图案等题材。一般来说，婴幼儿装的图案不宜过大，虽然婴儿没有明显的性别意识，但图案的选择对其今后的性别倾向性有一定影响，所以男婴服装的图案谨慎选用带有女性色彩的内容（如小碎花），可以设计成几何图形、交通工具、船锚图案、机器人、恐龙等内容；幼儿服装图案可以从益智教育角度出发，充分应用生活中的物品、大自然中的花鸟鱼虫、飞禽走兽、雨雾雷电等设计元素。结合儿童喜欢看动画片的特点，将动漫元素很好地融入进图案设计中也是产品大受欢迎的因素。儿童阶段是性别意识培养的关键时期，图案设计要注意性别区分，一般而言男童比女童更喜欢文字类抽象图案，女童更喜欢花草动物等具象图案，而卡通形象、水果蔬菜、小动物几乎所有的儿童都比较喜欢。

1. 格纹图案

格纹是经久不衰的流行元素之一。格纹图案可搭配不同的色彩，鲜艳的对比色搭配鲜活抢眼，比白衬衫更显个性，配合活泼的图案内搭作为辅助，让造型更加饱满立体，不至于太过单调，是时下流行男女童时尚衬衫设计中不可或缺的元素（图2-18）。

图2-18　格纹图案衬衫

2. 波点图案

波点，全称波尔卡圆点（Polka Dots）。Polka 原指一种中欧流行的欢快舞蹈，在当时的美国大受欢迎。于是，人们纷纷模仿波尔卡舞者的穿着，最后索性以 Polka Dots 来命名跳舞时所穿的民族服饰上的波点纹路。

波点图案迅速进入了人们的生活之中，日本当代艺术家、波点女王——草间弥生将波点运用到极致。波点很快成为时装史上重要的一部分，是复古和经典的代名词，具有生动跳跃、活泼优雅并存的气质，尤其是女童衬衫上的设计应用，在白衬衫上配上清新甜美的波点图案，时尚而不失童趣（图2-19）。

图2-19 波点图案衬衫

在圆形波点的基础上，将原点图案变形设计成草莓、爱心等形状，分布在衣身上，是对点状图案的变化设计，在女童衬衫、T恤等品类的图案设计中应用较多。

3. 男童属性图案

根据男童的心理发育特征，男童对印有汽车、飞机等交通工具以及恐龙图案的服饰有着较强的兴趣和拥有欲，印有男童专属图案的衬衫、T恤等品类对男童消费市场具有一定的吸引力。男童属性图案的素材有进一步发掘的空间（图2-20）。

图2-20 男童属性图案衬衫

任务2　项目案例实施

一　项目主题：森之奇缘

二　主题解析

森之奇缘（A印象）：以自然庄园的动植物作为灵感来源，点缀于舒适单纯又简约的底色上，展现秋日的复古优雅（图2-21）。

图2-21　主题解析（1）

森之奇缘（B印象）：现实中的精致女孩，梦中来到了自己向往的神秘森林，感受大自然带来的清新和活力。在美妙的森林中，遇到各种奇妙的经历，从而逐步认识到真实的自己，变得更加自信和美丽（图2-22）。

图2-22　主题解析（2）

三 风格定位

风格定位如图 2-23 所示。

图 2-23　风格定位

四 配色解析

牧羊墨绿色：多雨的山脉地区启发深沉的牧羊墨绿色，强调连结大自然的重要性，该色调专门针对中国市场，适宜外衣。

中国香料棕：色调饱满的香料棕散发一种传统知性范。

藏红色：传统的中式红色被更深沉、偏大地色调的朦胧红色所取代。该色调专门针对中国市场，以藏传佛教为灵感，流露出古典又现代的韵味。

绣金色（向日葵色）：绣金色为大地赤褐色调平添几分细腻感，并参考冬虫夏草的金黄色。

南瓜橙：亮橙色的强烈色彩让度假充满活力。整件衣服浸润在大胆的色彩里，打造视觉效果超强的人气主题。

玉石色和复古勃艮第酒红等深色与灰色的搭配堪称完美。

清新的苹果花粉色和粉末蓝色等粉蜡色彩在暗调复古色彩的映衬下，显得更加雅致，且适合用在男女市场的各类产品设计中。

灰棕色：本季棕色取代黑色成为核心色，流淌着浓浓的暖意（图 2-24）。

图 2-24　配色解析

项目二　儿童衬衫设计

五 图案设计

自然野趣风：树叶、蘑菇、干燥的植物图案、夜晚的田园。

斑驳树影：以几何与线条结合而成的树木，造型简洁，更具抽象化形式。

森林丰收日：以手绘的形式表现丰收，洋溢青春活力，凸显女孩的童真。

百变天气：由晴、多云、下雨联想到蓝天白云、雨滴、太阳、彩虹、伞等奇妙的组合（图2-25）。

图2-25 图案设计

六 系列设计效果图

系列设计效果图如图 2-26 所示。

图 2-26 系列设计效果图

七 系列设计款式图

系列设计款式图如图 2-27 所示。

图 2-27 系列设计款式图

任务3 品牌衬衫赏析

品牌衬衫赏析如图 2-28 ~ 图 2-37 所示。

图 2-28　2018 上海时装周

图 2-29　2019DVKK MORE 上海时装周

图 2-30　2019Nicholas&bears 春夏

图 2-31　2019 巴拉巴拉上海时装周

图 2-32　2019 柏妮轩

图 2-33　2019 秋冬 PawinPaw

图 2-34　Mitti 童装 2019 秋季新款

图 2-35　风笛童装 FFDD2019 秋季女童

图 2-36　2019 马拉丁童装立领衬衫　　图 2-37　DVKK MORE 2019 上海时装周

项目三

儿童T恤设计

任务1 儿童T恤设计要素

当今的孩子们过着幸福的生活，不仅仅是在物质上，他们的父母对精神培养也非常在意，希望孩子的成长能够自由快乐、无拘无束。T恤因其舒适、百搭，是童装中出镜率最高的单品之一，在设计元素的采用过程中，T恤更易注入思考与创新，通过细节、色彩、趣味性来打造产品，给孩子提供充满惊喜的探索体验。

一 儿童T恤款式设计

儿童T恤的款式相对简单固定，廓形一般以H形为主，近些年随着大廓形的流行，T恤在廓形设计上相应增加了一些变化。在H廓形和大廓形的基础上，儿童T恤的设计主要是色彩和图案的设计。

基本款：T形的上衣，长袖或短袖，无领或翻领，身体部分呈现直身形，体现儿童自然、舒适、休闲、时尚、活泼之感（图3-1）。

箱式廓形+内部解构：T恤作为夏日必备的单品，每年都紧跟时尚设计出新面貌，像Oversize箱型T恤就一直很受欢迎。Oversize箱型T恤风格几乎在每个秀场上都能见到，因此也是一部分时尚达人的最爱，落肩设计以Oversize为设计基点，在服饰的版型中增加了扩大版的特点，丰富立体造型感（图3-2）。

图3-1 基本款T恤

图3-2 箱式廓形T恤

二 儿童T恤色彩设计

T恤在创意设计过程中，需要依据不同的内容和主题特征进行色彩整合，使得图案的创意在整体与和谐的框架下创新。色彩作为重要的设计要素，不仅能引起人们的情感共鸣，而且能唤起人们的心理效应。颜色和色系的不同搭配可以传递出不同的视觉信息，色彩是醒目的视觉语言，图案的色彩与服装的色彩是否协调一致或者对比强烈，都会对整件服装的风格产生决定性影响。T恤图案中的色彩关系是设计主题决定的，不是凭借着个人喜好来确定的。比如运用大面积色彩作为T恤的底色，采用对比度高的小面积图案放在突出的位置，产生强烈的色彩对比，从而凸显视觉的冲击力。相同、相近的色彩在不同的搭配中也会传递出不同的情感，也可以非常简洁有效地传达出设计主题。

新一代孩子个性鲜明、性格率真，随着社会背景和人文背景的发展，现代T恤色彩设计在糖果色系、清新淡雅的基础上更加注重个性、纯粹、甜美风格的塑造。

1. 柔黄色

黄色系继续推动童装发展，它是2019春夏英国线上零售增长最快的颜色之一，在服装中所占比重翻了一番，从3%增加至6%。各类男女童装都使用了黄色，它的人气持续至2020年，柔黄色是2020春夏童装色彩趋势预测中的关键色，也是当前复古主题的全新色选。可以用黄色提亮休闲单品，尤其是T恤（图3-3）。

2. 淡紫色

紫色在2019春夏回归，英国新一季童装线上新品中的紫色服装增加了24%。紫色流行至2020春夏，也能看到相关主题。淡紫色搭配柔黄色图案效果极佳，可参考业内领先的童装品牌Molo和Soft Gallery的设计。留意淡紫色与玫瑰水粉色和红色的组合，它们是最新潮流。将矿物质色调用于波西米亚系列和工装系列；将清透的淡紫色用于商业品牌，让应季图案T恤和坦克背心更吸人眼球（图3-4）。

图3-3　柔黄色T恤　　　　　　　　　图3-4　淡紫色T恤

3. 玫瑰水粉色

粉色在女孩服装市场依然极具吸引力（占英国所有颜色服装的18%，占美国所有颜色服装的19%），它们在2019春夏男孩服装新品中也有所增加（英国年同比增长6%，美国年同比增长24%，占服装总量的2%）。传统的甜美粉色被玫瑰水粉色所取代，它更纯净中性，延续了千禧粉色男女皆宜的成功，在2020春夏童装色彩趋势预测中曾经提及。玫瑰水粉色从年轻市场渗入儿童市场，更新低龄儿童的单件服装，以及大龄儿童的街装和运动装（图3-5）。

4. 撞色

运动风T恤做撞色设计更凸显春日律动气息，给人神清气爽、活力满满、灵活时尚的感受（图3-6）。

项目三　儿童T恤设计

图3-5 玫瑰水粉色T恤

图3-6 撞色T恤

三 儿童T恤面料应用

童装作为"安全、舒适、品质"的代名词,注重孩子们的穿着体验,利用面料的选择和工艺的细化让孩子的生活更为舒适和快乐。T恤面料通常以棉为主,应具有符合国际趋势的可持续发展环保主题,更应集柔软性、干爽性、弹性、保形性于一体,体验舒适,能满足童装的各种严格品质需求。

1. 纯棉

这是比较常用的T恤面料,性价比很高,虽然不像其他的高档T恤面料经过特殊工艺的处理,但是100%纯棉依然保持着纯棉优越的天然特性,亲肤性好,透气性好,吸湿性好。如果预算不多,又想穿着舒适,这一款不失为一个好的选择。当然,一些经过除毛、软化等特殊工艺处理的100%棉,也属于高档面料。

2. 涤棉

指涤纶+棉,是涤纶与棉的混纺织物的统称。一般有混纺和交织两类做法。优点是抗皱性好,不易变形;缺点是容易起毛,加上两次染色,面料手感偏硬,洗涤不易变形,但衣着舒适度较纯棉稍差。65%棉的T恤面料还可以,而35%棉的就比较差了,穿着很不舒服,也很容易起球。

3. 莱卡棉

具有悬垂性及折痕恢复能力,这是织造过程中植入氨纶的弹性棉面料。手感好,比较贴身,凸显身材,有弹性,尤其适宜贴身衣着。近两年开始在男装T恤上有所使用。一般在做T恤面料时,加氨纶的面料只能做淡碱低温丝光处理。该种面料较适用于贴身时尚风格的T恤,骨感会差一些。尤其要注意的是,这款面料要做好防缩水处理。

4. 丝光棉

丝光棉面料以棉为原料,经精纺制成高织纱,再经烧毛、丝光等特殊的加工工序,制成光洁亮丽、柔软抗皱的高品质丝光纱线。以这种原料制成的高品质T恤面料,不只完全保存了原棉优良的天然特性,而且具有丝一般的光泽,织物手感柔软,吸湿透气,弹性与垂感颇佳；加之花色丰富，穿起来舒适而随意，充分体现了穿衣者的气质与品位。丝光棉和双丝光棉面料细腻，在做工及印绣花上与一般的服装有所不同，建议找专注高档T恤的厂家，他们比较有经验。

5. 双丝光棉

纯棉双丝光面料是"双烧双丝"的纯棉产品，以经过烧毛、丝光而成的丝光纱线为原料，引用CAD电脑辅助设计系统和CAM电脑辅助生产系统，快速地织出带有设计的花型的T恤面料，对坯布进行再次烧毛、丝光后进行一系列整理，生产出此高档T恤面料。其布面纹路清晰，花型新颖，光泽亮丽，手感滑爽，比丝光棉更胜一筹，但由于要进行两次丝光整理，价格稍贵。

6. 面料拼接

不对称、不规则元素给人以打破常规的视觉感受，借用结构拼接、色彩拼接，进行重组改造，同时结合夸张的个性字母印花，更好地展现不羁个性，形成新的艺术效果（图3-7）。

图3-7 不对称面料拼接T恤

四 儿童T恤图案设计

T恤作为我们日常生活中最为常见的服饰，在样式的设计中最重要的就是图案的创意表现，图案所体现的文化可以是多种多样的，它不仅表达人们对美的追求，也可以体现人们的精神追求。图案点缀了T恤并将艺术带入了生活，为生活注入新的活力，同时映射出人们特有的观念和文化内涵，而设计者的创意灵感，更使得图形的独特性和创新性赋予了T恤衫无限的文化精神。

T恤中的图案表现作为一种独特的视觉符号，已经成为个性十足的流行符号。T恤服饰中的图案是我们情感意念与文化的表达，不仅仅体现了时代气息，也体现着人们对新颖时尚的追求和表达自我个性的意愿。它跨越了个人的身份和职业，突破了年龄和地区的界限，在全世界范围内广泛流行。无论精英人士或平民百姓，奢侈品牌还是平价服饰，处处都有T恤衫的身影。多年以来，这种外形简约、穿着舒适的服饰一直备受各阶层的消费者喜爱，它集中了时尚与潮流、政治文化、体育人文、卡通动漫等多种文化元素。一件看似普普通通的T恤服饰，包含着这个时代的精神文化和人们追求自由平等的生活理念，它更能明显地表达人们的品位和性格，这一切来源于它个性多变的图案。

儿童群体对图案情有独钟，图案是T恤中必不可少的设计，童装图案与印花一般以卡通动漫、几何图案和花卉图案为主。随着潮流不断更新，新的图案花型被不断地设计出来，每一个年代都有各自的特点，设计师通过变形、添加、解构、重组、概括、夸张等各种手法使童装T恤千变万化。

1. 图案的内容

童装T恤中的图案题材繁多、风格各异。孩子们可以通过服装上的装饰图案归纳分类，然后依据个人的审美观念进行筛选。这样不仅能让孩子们逐渐认识到事物的性质及转化，还能发展他们的思维与创造力。

卡通动漫图案：在白色T恤衫中填满咕噜狗、小章鱼、蝴蝶女、小星探等动漫人物（图3-8）。

图3-8　卡通动漫图案T恤

几何图案：两穿式T恤，用简约的线条勾画出春天的色彩，几何形状提升衣服的时髦程度（图3-9）。

条纹图案：萌趣的印花让整件衣服更加吸睛，蓝白相间，百搭时尚（图3-10）。

图3-9　几何图案T恤　　　　　　图3-10　条纹图案T恤

组合图案：两种或两种以上图案素材重叠或分布在T恤上，塑造不同类型素材的混搭感。如字母和印花图案的重叠，陪衬出斑斓的暖阳，万物复苏的春天，小树在长大，小孩也在长大（图3-11）。

扎染图案：扎染是 T 恤的重要时尚图案，也是五大热门标签之一。虽然扎染图案在所有印花中所占比重不大，但它依然值得关注，2019 春夏童装新品中的扎染图案在英美市场的年同比分别增加了 31% 和 10%。浅色组合体现了纯净粉蜡色的影响力，它对 Instagram 上从婴儿到大女孩的服装都有着重大影响（图 3-12）。

图 3-11　组合图案 T 恤　　　　　　图 3-12　扎染图案 T 恤

2. 童装 T 恤图案设计的创意点

T 恤中的图案创意设计属于平面设计的范围，基本遵循平面设计的原则。可以运用多种思维方式和灵感去表现设计元素，需要考虑到图案的基本样式特点，以及在 T 恤衫的位置与服饰整体版式关系中如何结合，从而去表现一种美感和视觉效果，同时调整和寻求新的图案创意点。图案是一种装饰符号，通过艺术加工把图案实施运用到服装设计中，以表现和传递出图案所表达的信息。在设计上可以通过具象图形和抽象图案来表达设计者的创作思想和创作理念，突显 T 恤 "第一眼" 美观的特性存在。同时在 T 恤的图案设计中，学会熟练并巧妙地运用色彩语言去辅助图案和营造氛围，因为色彩表现也是创意图案的另一种形式特征。

3. 童装 T 恤图案的设计方法

图案的创意是 T 恤的重要组成部分之一，它有着举足轻重的作用，在设计上主要分为具象图案和抽象图案两大类。具象图案是指具体的、可供人辨认出来的物体和形状的图像，是以理性归纳为主的图案或文字装饰。抽象图案大多来自现实世界，是设计师对图案以夸张或变形、突出艺术特点的方法进行整合设计，并且与设计师的思想理念结合以后所产生出的图案，对图案语言进行的归纳总结，是以简洁有效的表现形式来传达设计者的设计理念。

在 T 恤的图案设计中，有的是由对图案的理性编排或文字组成，形成新颖的表现形式；还有的是以纯粹的装饰性纹样为主的抽象图案。抽象图案的形态和色彩是没有严谨的规范和逻辑的，可以由设计师进行独创性设计并表现出独特的视觉语言，而具象图案与抽象图案相比更趋于理性。许多设计师在创作抽象图案时可以天马行空地想象，可以在主观审美意识中摆脱固有的思想束缚，使得设计表现与主题更加融洽。当富有视觉冲击力的抽象图案呈现在 T 恤上时，每个人应该都有不同的答案和意识。正所谓 "一百个人眼中有一百个哈姆雷特"，你看到的和感受到的都取决于个人的艺术素养及认知能力。

在T恤中，基本上都是图案去适应服装款式的需求，而不是服装款式来适应图形创意。好的图案与好的色彩同样都是T恤的主要构成部分，在趣味性和独特性上吸引消费者。创意图案在设计时不仅要考虑图形设计的风格，同时也要考虑款式是否与图案相匹配。创意图案往往受到T恤版式与品牌的制约，它们会限制图案的形态变化，因此不同的创意图案需要结合不同的T恤款式需求来进行创意设计。

4. 童装T恤图案的应用

图案作为设计元素，可以直接应用在服装上，也可以间接应用。直接应用就是将一个已有的图案直接应用到T恤上，事先定好图案的尺寸面积就可以，例如一幅名画，或是一个卡通头像。与此同时，设计师应考虑图案的大小、图案在整体中的版式布局、图案的色彩、图案的范围与形状等因素，并且从整体上考虑设计的使用元素与T恤的整体形象是否和谐一致。图案表达的意义是否明确，需要设计师对使用素材本身的文化背景做到十分了解。整体性的直接应用，就是经过电脑或者手绘，然后适当调整颜色做到与T恤相协调，再将最后的效果图直接印制到T恤上。间接应用就是设计师把图案素材通过改变颜色或者设计成不同艺术风格，并且注入现代感较为强烈的流行时尚元素或者东西方文化元素，从而赋予T恤衫新的艺术风格。比如图案经过波普风格变化之后在T恤上应用，或者将经典传统的图案进行变化再设计，就会使得T恤衫立即拥有了潮流之感。在间接应用中可添加不同的文化元素。例如设计师将已有的传统图案经过颜色的调整变化以后，可以选择填充一些波普圆点，拼接形成叠透效果，从而在中西交融的风格里又有了新旧渗透的设计表达。

5. T恤图案的工艺

最常见的图案工艺就是印花，印花基本上分三类：丝网印花、转移印花和手绘。丝网印花是应用最多的T恤印花，90%的印花T恤都采用这种工艺。丝网印花技术相对复杂，主要有设计、出菲林、晒版、印花、烘干几个步骤。丝网套色印花，简单讲就是一件T恤的图案如果有红、黄、蓝三个颜色，那就需要印制三个版，每个颜色一个版，但是和印刷上的CMYK又有点不一样，国内多数是专色印花，CMYK网点的叠加在T恤印花上很难控制。转移印花技术是这几年流行的一种印花技术，原理就是先将图案打印（印刷）到转印纸上，再通过高温高压把图案印在T恤面料上，相对丝网印花来说，转移印花有迅速便捷、色彩逼真的优点，但是也有色牢度相对较低、批量定制成本高等缺点。如果只是想设计一件独一无二的T恤，可以考虑将设计的图案打印然后转印到T恤上。最后一种是手绘，现在多数手绘的T恤都是用喷绘来完成，当然也有很多用笔画的，用的颜料一般是丙烯颜料和纺织染料。手绘T恤的成本也相对较高，而且谁也不能保证每件画出来的都一样。比较上面三种技术，如果要印制的件数只有几件，可以选择热转移印花。如果要做几十件或者几百件，还是选择丝网印花，印量越大，制版费平均到每件T恤上也就越便宜。如果只想要一件独一无二的T恤，那就可以选择手绘图案。

五 儿童T恤装饰设计

珠片工艺是我们生活中常见的一种工艺，是把一些会反光的小薄片缝制在一起，增强服饰光亮的工艺。亮闪闪的五彩珠片代表着每个女孩心中的公主梦，是女童抵御不了的诱惑，简约百搭的T恤饰有珠片显得更加耀眼闪亮（图3-13）。

图 3-13 珠片装饰 T 恤

六 T 恤的文化价值

亚历山大·麦昆的一款 T 恤售价超过了 250 美元。为什么名牌 T 恤会卖得这么贵呢？就功能而言，定价高达数百美元的名牌 T 恤和 Gap 店里 20 美元一件的 T 恤几乎没有什么不同，它既不能更快速地吸汗，也不会让人感觉更加清爽，图案才是其高价位的真正原因。所有店铺里某个品牌的 T 恤数量加起来也不超过 10 件。如果准备花几百美元买一件 T 恤，最不愿意看到的就是别人也穿着同样的一件。T 恤设计有赖于图案纹样来增强其艺术性和时尚性，也成为人们追求服饰美的一种特殊要求。在美国市场，一件 T 恤坯衣（70% 由中国进口）的价格一般为 2 美金左右，印好图案的 T 恤视其图案价值的不同价格在 8～25 美金上下，而如果 T 恤的图案已为时尚所淘汰的话其价格将会落到 10 美金 3 件的地步。比如，失去了乔丹的公牛队元气已失：原来卖 25 美金一件的公牛队 T 恤现在随票免费赠送都吸引不了公众对公牛队赛场的兴趣。T 恤还是那件 T 恤，料还是那块料，为何如此失落呢？就是 T 恤所承载的文化贬值了。

从目前全球 T 恤产业和文化的发展状况看，越是经济自由和文化繁荣的地区，T 恤的消费量就越高，人们对 T 恤设计的参与就越多元，T 恤的设计内容也就越自由甚至怪诞，T 恤文化也就越繁荣。T 恤图案传达的独特之处还在于它在设计上的商品化。与一般服装仅仅用式样、色彩的变化暗示文化性与时代性不同，T 恤衫把暗示性的符号变为一种明显快捷的表征，直接通过图案设计、语言符号为自己和公众传达出有关信息，打破了文化与商品的界限、美与日常生活的界限、高雅与世俗的界限，成为一种独特的商品。一般消费更注重产品本质，而大多数情况下，T 恤消费的重点在于购买它在视觉方面的设计，特别是图案上的设计。图案是一种既古老又现代的装饰艺术，是对某种物象形态经过概括提取，使之具有艺术性和装饰性的组织形式。任何一种服装甚至任何一种东西，都无法同 T 恤一样和感情、态度、立场以及个人意识如此紧密而且自由地结合。T 恤已成为交流思想、释放自我并展示才华的舞台。T 恤设计就像任何创意工作一样，丰富的知识面、开阔的视野、文化与智慧的不断补给非常重要。除了随时关注时尚界的潮流信息之外，文化、历史、地理甚至政治经济新闻都可能是设计灵感的来源，也是 T 恤图案光彩外表下的深度魅力所在。

七 T 恤的情感表达

如今 T 恤作为一种大众服饰，在图案上可以大胆地表现着装者的观点和情感，比如情侣装、亲子装、校园班服等。T恤则通过一致的视觉元素传达强化了人与人之间的情感传达和文化培养，增强了团队凝聚力。

许多知名企业非常热衷于这种情感表达和文化培养，例如谷歌每年都要为员工定制T恤衫，还会把T恤作为周边产品售卖给粉丝。他们懂得通过T恤衫的桥梁作用，让更多的用户了解企业文化的同时更加支持企业的产品与服务。这些T恤种类已经成为人们生活的常态化表现，体现出人们情感上的变化，或者含蓄内敛，或者热情张扬，表述着人们内心深处的感情。当家人穿上同款式和同系列的T恤时，也是一种体现亲情与爱的方式，含蓄地传递着家人之间内心的依恋和关爱。当一对年轻男女穿着相同图案的T恤时，就是传达他们内心的喜欢与温情，他们乐于用这种方式来表达自己（图3-14、图3-15）。

图3-14　亲子T恤

图3-15　情侣T恤

T恤不是简简单单的一件服饰，它体现并代表了各种文化、情感、艺术的融合。在当今的社会生活里，T恤具有将价值和信息集于一身的作用。商业T恤经过设计师设计的创意图形或文字，具有如小型广告海报那样的作用，成为宣传的媒介。T恤作为日常服饰的一种存在，也是推动流行风尚的一种传播载体和媒介。图形创意在T恤服饰中的设计与应用集中体现了一种对即时视觉暂留效应的追求，是知性和感性的凝聚。它不仅仅是一种服饰，更是体现精神文化生活的一种诉求方法。随着经济的发展，人们艺术素养的不断提升，T恤成为人们审美思想的外在体现，更直观地反映人们的生活状态。它也成为一种人的精神文化和情感表达。

任务2 项目案例实施

一 项目主题：校园两三事

二 灵感解析

校园两三事（A印象）：书呆子

该主题带我们回到20世纪60年代知识经济初期，那个年代的图书馆和公共空间是这种书呆子造型的灵感来源。怀旧棋盘格、微型几何色块，以及条纹都是关键设计元素。复古款型与舒适毛衣或开衫的组合最具代表性（图3-16）。

图3-16 灵感解析（1）

校园两三事（B印象）：运动学院风

夸张比例让校队造型焕然一新。中长半裙搭配运动袜、厚夹克或防风衣的组合最为常见。抓绒黏合衬里大大提升了飞行员夹克等经典版型的保暖性能。在风靡男装市场的50年代学院造型的影响下，儿童长裤的设计也愈发宽松（图3-17）。

图3-17 灵感解析（2）

项目三 儿童T恤设计

三 配色解析

黑色：经典色，也是基础色。

藏红色：传统的中式红色被更深沉、偏大地色调的朦胧红色所取代。该色调专门针对中国市场，以藏传佛教为灵感，流露出古典又现代的韵味。

电光蓝色：深钴蓝色在中国一直深受欢迎，以数字世界为灵感，错视蓝色如同通过夜视护目镜看到的视觉效果，适合搭配深色和亮色。

爆竹红（鲜红色）：设计师将该颜色用于全身造型，以明亮饱和的色调彰显个性，让日常和晚间服装格外耀眼。

酸性荧光色：黄色变得更加犀利、明亮，带来近乎荧光色调的鹅黄。混合绿色和蓝色变得另类、具有数码感，搭配深色则带来夸张的对比效果。

天水蓝：浅蓝色在中国依然流行，明亮的质感源自蓝天和沿海，也会令人想起褪色了的中国传统水墨画。

炫目紫红色：中国青少年出国旅行，参加音乐节和文化活动，体验全球文化。迷幻粉红色反映这一派对格调，以及在线上线下风靡的风格混搭（图3-18）。

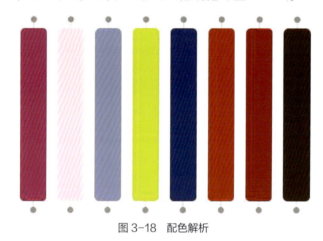

图3-18　配色解析

四 图案设计

玩转格纹：变化多端的格纹，极强的视觉张力，增强童装整体的设计和艺术感。经典学院风格纹与时下流行碰撞，演绎复古学院情调，符合当下孩子们的心态。

启蒙教育：牙牙学语的孩童稚气的字母、涂鸦、画笔涂料、看图识物，一切从零基础开始学习，没有规律和束缚，自由创作更显孩童的天真稚气感。

英语课堂：字母和各种元素进行随意的组合和排列。与简洁的小图案一起更具有趣味性（图3-19）。

图 3-19 图案设计

五 风格定位

风格定位如图 3-20、图 3-21 所示。

图 3-20 风格定位（1）

图 3-21　风格定位（2）

六　系列设计效果图

系列设计效果图如图 3-22 所示。

图 3-22　系列设计效果图

七 系列设计款式图

系列设计款式图如图 3-23 所示。

图 3-23　系列设计款式图

任务3　品牌T恤赏析

品牌 T 恤赏析如图 3-24 ~ 图 3-53 所示。

图 3-24　Kenzo 男童短袖 T 恤

图 3-25　ARMANI JUNIOR 男童长袖圆领 T 恤

图3-26　ARMANI JUNIOR 男童长袖T恤

图3-27　ARMANI JUNIOR 男童长袖圆领T恤

图3-28　ARMANI JUNIOR 男童长袖圆领T恤

图3-29　ARMANI JUNIOR 男童T恤

图3-30　CATIMINI 女童T恤

图3-31　CATIMINI 女童T恤

图 3-32　CATIMINI 男童 T 恤

图 3-33　CATIMINI 男童 T 恤

图 3-34　哈吉斯女童 T 恤

图 3-35　哈吉斯男童 T 恤

图 3-36　哈吉斯男童 T 恤

图 3-37　哈吉斯男童 T 恤

图 3-38 斐乐男童短袖 T 恤

图 3-39 斐乐女童短袖 T 恤

图 3-40 E-LAND KIDS 男童 T 恤

图 3-41 E-LAND KIDS 女童 T 恤

图 3-42 阿迪达斯男童 T 恤

图 3-43 阿迪达斯男童 T 恤

图 3-44 马克华菲男童 T 恤

图 3-45 马克华菲男童 T 恤

童装设计

图 3-46　HURLEY 男童短袖 T 恤

图 3-47　HURLEY 男童短袖 T 恤

图 3-48　Teenie Weenie
男童 T 恤

图 3-49　Teenie Weenie
男童 T 恤

图 3-50　Teenie Weenie
女童 T 恤

图 3-51　Teenie Weenie
女童 T 恤

图 3-52　Paw in paw
男童长袖 T 恤

图 3-53　Paw in Paw
男童 T 恤

项目四

儿童牛仔服设计

任务1 儿童牛仔服设计要素

一 儿童牛仔服概述

牛仔服装一直是国内外各大品牌公司所重视和研究的领域。尤其是1873年诞生了第一条真正意义上的牛仔裤的美国惠利公司始终致力于牛仔服装设计的研究和开发，在牛仔服文化、风格及品牌运作等方面一路领先。20世纪70年代，法国的francois irbaud首创了石磨牛仔法，开创了牛仔服装的后整理时代（图4-1）。在牛仔风潮的推动下，著名的服装设计师伊夫圣洛朗、皮尔·卡丹、山本耀司等纷纷推出了自己的牛仔服装作品。服装设计师们的加入，使牛仔服装设计的风格呈现出多元化，牛仔服装也成为休闲装中不可缺少的组成部分。牛仔服装作为美国文化的代表，迅速在世界范围内扩张，成为大众文化的代表（图4-2）。英国公司发布的国际服装流行趋势预测报告《牛仔装》以款式图等图示的手段展示了当今国际上牛仔装的流行趋势，并对服装的面料、款式及色彩等做了较为详细说明。牛仔服作为一种文化精神，经历了从原始、懒散、主动、冒险、自由、美国化，到流行、自然、真实的形成过程。牛仔服装是最具个人着装风格的表现方式，具有边缘主义性格，是调和贵族幻想与平民装扮矛盾的代表。

图4-1 70年代儿童牛仔裤

图4-2 90年代儿童牛仔服

（一）牛仔服装的设计之美

人类的造型活动是以生活为前提的有意识的行为。造型的目的是营造一个优越便利的生活空间，并伴随着社会的变迁和时代的进步不断完善。人类的这种主观造型活动不仅仅是为了谋求生活的需要，还有对美的渴求。因此人类的造型活动既要满足用的机能性，又要满足人类求美的感性心理需求。牛仔服装的设计就是满足穿着机能性和审美心理需求的一种表现，牛仔服装所象征的叛逆、自由和颓废，用传统意义上的美与丑的标准是难以衡量的。牛仔服装的设计之美主要表现在以下几个方面。

其一，牛仔服装的设计之美体现在牛仔服装的技术美。首先，牛仔服装设计满足了穿着的机能性，主要表现在与人体结构完美结合的贴身裁剪和程式化的缝制技术上。

其二，牛仔服装设计之美表现在牛仔服装的"后整理"上，主要有两个方面：

（1）牛仔服装的"水洗"工艺。牛仔服装的水洗效果具有不稳定性因素，即使相同款式的牛仔服装设计经水洗处理后，仍然存在不同的水洗效果，经过水洗的牛仔服装色彩的变化极其丰富、含蓄而且沉稳，表现出牛仔服装的色彩之美。

（2）"后整理"的其他工艺处理如石磨、打孔、贴补、镶嵌等，体现出牛仔服装设计的多种技法美。

其三，牛仔服装的设计之美体现在设计的出发点是忠实于着装者的审美需求，把着装者的个人意识放在首位，着装者也可以大胆地、随心所欲地按照自己的意念把喜欢的图形涂鸦在牛仔服装上，还可以采用撕裂、错位、拼贴等手法或者是采用不同风格的材质相互搭配。这是一种互动着装方式，这种方式让牛仔服装设计不仅仅停留在设计师设计的层面上，而是仁者见仁、智者见智的多种思想、多种元素的交融，让牛仔服装变得更加丰富多彩，使牛仔服装的设计风格层出不穷，从中感受到牛仔服装的个性化魅力，体现出牛仔服装设计中所包含的艺术性和观赏性的审美价值。

（二）牛仔服的独特风格

在牛仔服装的世界里，我们无法根据任何一种重要的社会范畴系统，如性别、阶级、种族、年龄、民族、宗教、教育等，来界定牛仔服装设计的倾向。牛仔服装作为非正式的、无阶级的、不分男女老少的、且对城市与乡村都适用的一种服装形式，在最近的三四十年里已经发展成为休闲装中的重要组成部分。牛仔服装是从社会范畴所强制的行为限制与身份认同的约束中解放出来的自由记号，在牛仔服装的设计里面缺少社会性差别，使着装者有自由成为自己。牛仔服装设计所表达的反叛意义，流露出一种对传统、对世俗抵抗的姿态，并且采用某种方式加以损毁——譬如采用扎染花色、不规则漂白，或者特意搞破搞烂等手法，这些手法和着装方式都是牛仔服装设计的组成部分。将牛仔服装损毁变形，便成为使自身与那些传统价值观念保持距离的一种方式，这种保持距离的方式，让美国价值观与其他民族的大众意识和大众审美融聚一处，使牛仔服装拥有了更为广泛的群众基础。在牛仔服装的发展过程中，美国的电影曾经起到了极大的推动作用，电影中的牛仔形象，通过许多事实和传奇故事，融入世界各国的大众文化之中，牛仔服装所营造出的朴素、粗犷的生活情调，以及由其蕴涵的独立、自由、叛逆、粗犷、豪迈的精神所促成的牛仔风格和浪漫主义形象，让平地而起的牛仔风潮与其他民族的大众审美融聚一体。现在的牛仔服装所表达的不仅仅是年轻人的价值观念，也不仅仅是美国人的价值观念，被大众所接受的牛仔服装，已经被社会范畴的各个阶层所接受，成为融合多种文化、表达多种思想的时尚载体，并且不断出现在各种社交场合，特别是靛蓝色牛仔裤，和可口可乐一样已经成为无国界的大众单品。

（三）牛仔服装的发展过程

牛仔服装的发展过程就是社会思潮的变化过程，随着时间的推移，人们不断赋予牛仔服装新的文化内涵。牛仔服装的发展过程归纳起来大致可以分为四个阶段，每一时期的牛仔服装都表现出了明显的时代特征。

第一阶段：工装裤时期（1870—1925年）

牛仔服装中的牛仔裤最早被称为工装裤（图4-3），是由坚韧耐用、粗糙、棕色的斜纹

图4-3 工装裤

组织面料制造成的。是一种齐腰的劳动服，用于淘金者和生产一线的"蓝领"工人劳作。早期的牛仔裤没有裤襻，只是用背带吊在肩上。最初的工装是棕土色的帆布制作的，当时的棕色帆布主要用于制作帐篷，为了与帐篷的颜色有所区别，也为了实用及美观，工装裤改用靛蓝色粗斜纹布来制作。当时的工装裤主要由淘金的工人在工作时穿用，工人们为了工作方便往往把重重的金矿石装入口袋。针对工装裤坚固结实的需求，雅克和李维一起发明了"铆钉"，钉上铜质"铆钉"的工装裤结实耐用，满足了工人对牛仔服装的机能性要求。带有"铆钉"的工装裤标志着第一条真正意义上的牛仔裤诞生，这条牛仔裤的设计者是李维·斯特劳斯先生，他以牛仔服装面料命名这条牛仔裤，现在已经演变成为牛仔服装发展年来的经典之作，后人把李维·斯特劳斯称为美国牛仔裤之父，牛仔裤的鼻祖。

第二阶段：便服时期（1926—1950年）

由于牛仔服装的面料很厚重，穿脱不够方便，于是安装拉链的牛仔裤被发明，这种"合身裁剪"的牛仔裤已基本失去工作服的角色，但仍以实用为主，开始出现一些便服倾向。

美国好莱坞的影星们在电影中穿用牛仔服装所塑造的人物造型，营造出了朴素、粗犷的生活情调，促成了牛仔服装的浪漫主义形象，对牛仔服装的发展起到了极大的推动作用。牛仔服装在全美开始流行，演绎成一种时髦的服装模式，成为"美国文化"的标志。

"猫王"普雷斯利的音乐超越了种族和文化的疆界，让摇滚乐如旋风般横扫世界乐坛，他的飞机头和舞台服饰在今天依然被无数人效仿，而当时他穿着牛仔裤在舞台上扭胯的舞蹈（图4-4），在社会上激起了轩然大波。尽管他的节目被封杀，唱片被烧毁，但保守的意识形态也无法封禁人们内心对自由的渴望。牛仔裤也因此被赋予了追求自由、放飞自我的意义，成为反叛传统的标签（图4-5）。1957年，杰克·凯鲁亚克的小说《在路上》问世，

图4-4 穿牛仔裤的猫王

图4-5 20世纪60年代穿牛仔裤的年轻人

小说反映了二战后被称为"垮掉的一代"的美国青年的生活方式和精神状态,"垮掉的一代"从文学层面走出,成为一股青年文化潮流,被无数青年效仿和追随,他们的形象被定格在波西米亚风格的长袍和喇叭口牛仔裤上,这本书畅销后,全美亿万条牛仔裤售罄,大街上随处可见长发飘飘的牛仔青年。

第三阶段:风格形成时期(1951—1990年)

随着第二次世界大战后世界政治、经济、文化的不断变化,牛仔服装在全球流行开来。由于年轻人的普遍穿着,牛仔服装释放出强劲的青春活力。与此同时,在美国、法国、意大利,形成了势不可挡的反西方现行体制、反传统的世界观、价值观和审美观,在这场历史上称为"年轻风暴"的运动中,牛仔服装扮极了极其重要的角色。英国艺术家理查德"艺术不应该是高雅的,艺术应该等同于生活"的理念,引发了波普风格、摇滚风格的出现,年轻人利用紧身牛仔裤来宣称独立、炫耀青春,表达有些颓废的自我。牛仔服装成了放荡不羁、玩世不恭的年轻人反叛的象征。20世纪70年代又兴起朋克(PUNK)风格浪潮,让牛仔裤转化为叛逆、独立和自由的象征。这一时期,牛仔裤最明显的设计特点是传统的瘦身裁剪裤管演变为喇叭造型,即牛仔喇叭裤,裤管的宽度前所未有。牛仔服装的中性化特征也被当时的中国人所接受,掀起上细下宽牛仔大喇叭裤的风潮。20世纪80年代,低腰、反折及水桶式,还有破破烂烂如同"乞丐装"的款式和红裤边、铜纽取代拉链的经典五袋式牛仔裤开始出现,设计风格开始多元化、艺术化(图4-6)。

第四阶段:多元化时期(1990至今)

这一时期牛仔服装的面料、颜色、款式、装饰手法都发生了很大的变化,牛仔服装开始进入了耍"花"样的时期,多种材质如珠缀、亮片、绸缎、皮毛、贝壳、羽毛等的繁杂组合,多种设计手法和工艺技法如印花、扎染、水洗、泼墨、砂洗、磨边、条纹、撕烂、拼贴、拼缝、混搭、切割等的交错混合,形成了多种多样的设计面貌,犀利、野性、冷酷、颓废、热情、奢华、优雅等相互交融,这些花样时髦牛仔适应了不同文化、不同思想、不同生活方式、不同价值观念等各种社会群体的需求。正是在这一时期,牛仔面料的厚薄、软硬、疏密以及多样的色彩和装饰,使它在童装中的应用发展迅猛。市场上出现了大量柔软亲肤的儿童牛仔服装(图4-7)。

图4-6　20世纪80年代牛仔喇叭裤

图4-7　儿童牛仔服

二 儿童牛仔服面料概述

（一）丹宁布

材料的风格对服装风格起着决定性的影响，正如法国时装设计师埃曼纽尔·安卡罗所说"布料对于时装设计师，有如音乐家的乐谱、画家的画布、作家的纸张一样，具有最基本的重要性，服装艺术也必须靠布料来表现"。在牛仔服装设计过程中，我们必须深入了解丹宁布（图4-8）的结构特征和外在表现，成功的牛仔服装设计作品无疑是丹宁布特征的完美体现。丹宁布是一种斜纹织物，由靛蓝色染料处理过的棉线作为经线直线，一般的白色棉线作为纬线横线织成，它的布料织法是一条经线跨三条纬线，所织出表面看来经线较多。它的特点是仅染表层的经线，将丹宁布横切可以看出线芯的白色部分。丹宁布在经过年岁的累积或人工刻意处理后，褪色的部分就是白色纬线露出的样子，其与蓝色经线的对比，就变成很有味道的脱色。

图4-8　丹宁布

牛仔服装风格是由各种设计技法在丹宁布上的运用所产生的效果确定的，牛仔服装设计和其他的服装设计有所不同，当款式确定后，其他的服装要进行面料的选择，而牛仔服则是要考虑如何通过某种加工技术或处理手法来体现牛仔的风格特征，设计师对丹宁布这种材料的熟悉程度和运用技法决定了牛仔服装的设计水平。

（二）莱卡丹宁布

为了展露体型曲线和满足自由活动的需求，会在丹宁布里加入弹性材料进行混纺，使牛仔服具有更加合体、更加舒适的特点。莱卡丹宁布创新了牛仔服装设计风格。1959年，美国杜邦公司发明了第一种弹性纤维——莱卡，成为服装面料的革命性创举。它取代橡胶制品赋予了丹宁布弹性特征，改变了丹宁布的手感，并且保持了丹宁布纤维成分的特性。加入莱卡纤维的丹宁布，弹性大约是加入橡胶的一倍，可拉伸至原来的两倍，外力释放后立刻恢复到本来的状态。莱卡丹宁布使牛仔服装设计呈现出新的面貌，尽现人体曲线的美感，成就了牛仔服装的性感风格。

（三）其他材料

其他材料的使用丰富了牛仔服装设计的可能性，除丹宁布外，还有斜纹织物、凸花棉布、缎、灯芯绒等布料，都是牛仔服装设计的基本素材。斜纹织物指色织的斜纹织物，经线、纬线都用相同颜色处理，这种布料的特点是色泽看起来相当鲜明。凸花棉布组合了斜纹织法与平纹织法，两种织法交错织成，表面有如田埂，布面看起来经线较多。属于斜纹织法的缎的表面少纬线、多经线，或者相反地多纬线、少经线，所织成的布料表面富有光泽感。灯芯绒则是通过割绒处理呈现出织物表面独特的光泽和绒感。以上四种材质直接用于牛仔服装的设计，能产生出新的牛仔风格，也可以与丹宁布结合使用，丰富了牛仔服装设计的内容。

三 儿童牛仔服装的款式设计

（一）牛仔服的共同特征

牛仔服装在"扬弃"中不断发展，时至今日，牛仔服装仍然保留着它独特的基本特征，其中最具特色的是牛仔夹克和牛仔裤。牛仔夹克是牛仔服装中永恒的经典，其设计点包括衬衫领、明确的双线线迹、前后过肩、五边形的袋盖设计、直线曲线结合的结构分割及下摆贴边等。牛仔裤的设计更为成熟，目前存在有各种基本款型如锥形裤、筒形裤、喇叭裤、紧身裤、垮裤等，无论裤型如何，它们当中的大多数仍具有这些共同特征：五个口袋、拉链或纽扣前门襟、腰带襻、铆钉或打结加固、黄色系双明线、皮牌、旗标等。

（二）牛仔服的非对称造型

以最经典的牛仔裤为例，镶有铆钉的右前方零钱袋，其直线形袋口与前袋口的弧线相呼应，增加了层次感和灵动感，同时也打破了左右对称局面。牛仔裤背面镶在腰右侧印有标识的大大皮牌，与缝在左后袋的不同质感的小标识，在设计中打破了后袋的左右结构，使款式构成达到视觉均衡状态。著名服装设计大师山本耀司堪称不对称牛仔服装设计的代表，不对称是他常用的设计手法，这种外观造型显得非常自然而流畅，一点也不矫揉造作，让硬朗的牛仔布变得飘逸，富有了禅的意境，成为牛仔服装设计中的典范。

（三）细节设计

牛仔服装的设计感不仅仅表现在牛仔服装的整体设计上，还表现在很多细节设计上。在牛仔服装的发展过程中，很多细节设计经过不断的演变，已经成为牛仔服装的重要组成部分，譬如牛仔服装上的皮章、铆钉、双弧线和红旗标等附属设计，已经成为牛仔服装中不可缺少的四大标志。它不仅是识别牛仔裤的标记，也成为一种独特的设计元素，应用到牛仔和围绕牛仔系列设计的其他单品上。这四个元素恰如其分地配合流行的设计语言与装饰手段，让人在细微处感受到牛仔设计的魅力。

（四）皮章设计

皮章（图4-9）用于牛仔服装标识，往往采用厚实而经久耐用的牛皮来制作，牛皮的质感与牛仔服装的风格非常和谐，牛皮的本色与牛仔服装的蓝色相对比，既有变化，又相协调，皮章的质感使整件裤子更显品质和档次。为了适应洗衣机的洗涤要求，许多品牌和设计师还对皮章的材质进行了几次实验和改革，采用了牛皮、油布、色织布等各种材料进行搭配尝试，一块小小的皮章见证了品牌的用心和执着。

图4-9 皮章

（五）铆钉设计

铆钉（图4-10）的设计源自着装者对牛仔裤牢固程度的投诉，把铆钉设计在牛仔服装的贴袋边角处，加强了口袋的牢固程度。人们一下子就喜欢上了这一创新设计。在牛仔服装的发展过程中，铆钉的材质不断地改进，有古铜色、银色等。第二次世界大战期间，铆钉的材料选用铁与铜的合金，但是有消费者抱怨裤后袋上的铆钉刮坏了马鞍和家具，设计师又把铆钉包裹在牛仔布之下的后袋里。后来，在技术的支撑下出现了打结机（打枣机），基本取消了牛仔裤后袋的铆钉设计，不过牛仔裤前袋上的铆钉还一直保留到今天，见证着牛仔160多年的历史。

（六）双弧线设计

弓形双弧线（图4-11）的设计颇为神秘，至今让人无法确定它最初的设计意图，有人认为这是某种鸟儿展开双翼即将起飞的象征。设计师受此启发，采用或黄或橙的线迹，手缝或机绣在牛仔裤后袋上，也有的双弧线采用描绘的方法，虽然线迹会慢慢洗掉，但与牛仔的风格非常吻合，现在的双弧线已经成为牛仔服装的重要标志。

（七）旗标设计

旗标（图4-11）是表达牛仔服装风格特征的又一个细节，旗标的颜色主要有深红色、橙色、白色、银色等，无论是哪种颜色的旗标，都能与牛仔服装面料本来的色彩形成强烈对比，且具有很强的装饰性。旗标的诞生源于著名的牛仔服装品牌LEVIS。为了区分牛仔服装的不同风格，LEVIS将牛仔服装分为三大系列，分别以不同颜色的小旗标做区分，红色旗标系列反对过分贴身、追求原始的本质；时尚银色旗标系列推崇现代款式，特别讲究高品质的水洗效果；橙色旗标系列采用其他材料，款式紧跟潮流。后来，旗标的设计被不断延伸和重新设计，现在的旗标已经成为牛仔服装的象征，而不仅仅是用来区分风格了。

图4-10　铆钉

图4-11　旗标和双弧线

四　儿童牛仔服色彩设计

说到牛仔服的色彩就不得不说后整理，后整理是形成牛仔服装设计风格的重要环节，其中最主要的步骤就是"洗水"，"洗水"是实现服装多元化视觉效果的基础，也是牛仔服装设计的重要特征。牛仔服装常常给人以变化多端的感觉，仅丹宁布牛仔布的运用就多种多样，况且牛仔服装的设计已不仅仅局限于单一的丹宁布牛仔布，在牛仔服装的领域里，牛仔蓝是牛仔服装最基本的色调，以靛蓝色和黑色为主，在"洗水"的过程中，普遍使用刷白、染色等牛仔服装设计的基本技法，牛仔服装通过刷白、洗色、猎须抓痕，形成浅灰、蓝色、黑色、白色、灰色等不同层次的色差，产生旧旧的感觉。"洗水"的手法跟牛仔服装的风格一样，随着科技的进步而不断丰富。由法国的工人首创的石磨牛仔洗水法，就是在牛仔服装"洗水"过程中加入浮石的洗涤方法，产生陈旧、古老的效果，称为"石磨""石洗"。"酶洗"是一种生物催化剂的洗涤方法，通过洗涤可以产生超柔的手感。"酶洗"还可以采用生物漂白技术，也有的加上酵素喷上硫酸等，在高温煮沸的条件下，通过不同的洗涤选择，可以让它们呈现出不同的颜色和肌理效果。同时，也可以添加增强光泽效果的荧光剂，或者防灯光照射、空气流动掉色的抗氧化剂，以及柔软质料的柔软剂，让牛仔服装呈现更好的视觉及穿着效果。经过"洗水"的牛仔服装呈现出仿古洗色、人工刷痕、立体层次的鬼洗须纹、鬼爪纹路等，有的把牛仔裤的大腿、膝部等处制造出磨旧脱色的痕迹，甚至故意磨得破烂，有的通过巧妙的洗、漂、染，让牛仔裤呈现类似"发霉"的效果。为了增强人们对牛仔服装的消费兴趣，使牛仔蓝变得鲜活，还采用色彩渐变的方式，由浅入深，或由浓紫变成黄绿等。这些不同于其他服装的处理手法，丰富了牛仔服装的设计内涵，使牛仔服装设计的视觉美感和视觉冲击力得以最大限度的发挥，创造出了千变万化的牛仔服装风格。

五 儿童牛仔服装饰工艺设计

（一）立体的设计手法

在牛仔服装的设计中，采用扎、缝、包、染、喷、绘、拓、刷、雕、压等各种特殊工艺，创造出区别于工业化印染的平面、立体或单色和多色交融的具有丰富表现力的视觉效果。首先，在继承牛仔传统文化和工艺技法的基础上，运用现代技术之集成和现代柔性化的设计观念。其次，运用三维技术，为传统的平面图案植入了浮雕概念，使牛仔服装设计具有柔性、富于个性和充满原创精神。其创作原理是将牛仔服装按要求设定工艺程序，辅以镂空、机绣、贴布等多种工艺元素后进行聚合和皱褶。通过拧绞喷涂、皱纸转印和整合成型等原创工艺技术的柔性化组合，用药水浸泡后，经高温高压汽蒸或高温压延处理，达到改变牛仔服装面料纤维组织结构的目的，让褶量大小不一，起伏不匀，形成自然的立体造型，取得全部或局部浮雕的视觉效果。同时，也可以将"三染"聚合、冰纹注淋、泼彩、喷涂、拓转、拧褶等技术结合，巧妙地将传统工艺、数码图形与纺织印染科技进行综合与创造，达到与"传统"设计手法迥然不同的审美，满足牛仔服装叛逆和前卫的风格。

（二）破坏的设计手法

对牛仔的某些部位，运用剪切、撕裂、磨损、镂空、抽须等加工方法，改变丹宁布的结构特征，造成丹宁布的不完整性，时尚派的牛仔服装设计师常用这些手法来表达设计中的一些反传统观念（图4-12）。被称为"朋克之母"的英国设计师韦斯特伍德常常把自己的作品撕出破洞或撕成破条，或者拼凑一些杂乱

图4-12　破洞牛仔裤

无章的色彩，给人带来一种自然、纯朴、原始、野性的视觉冲击力，创造出了一种有缺陷而充满矛盾的美。这是为表达对传统观念的叛逆，突破所谓经典美学标准做出的探索，或者说是在寻求新的设计方向，应该说破坏性设计表达的是一种创新精神。现在的牛仔服设计的磨损效果不再一味地强调破旧褴褛，而是在一些平日就易磨损的部位，如大腿、膝部等制造出些许磨旧脱色痕迹，牛仔服装在撕裂后，不仅不会支解、分崩离析，甚至会产生优美的垂坠感和弧度。最常见的手法就是在牛仔裤上撕裂出一条条的破洞，让裤管自然下垂，展现放浪不羁的粗犷，用油漆喷染一些色块，再加上穿通的小洞，是牛仔服装最具破坏力的体现，如果用手工制作则属于独一无二的设计。抽须的技法是牛仔设计中破坏手法的极致表现，抽须就是利用丹宁布是由蓝棉线和白色棉线为经纬织出来的特点，抽须后表面是蓝色，隐约露出底下的白色棉线，呈现出白色布边的效果。

（三）整合的设计手法

这是一种突破传统审美范畴的设计手法，这种设计利用不同材质或不同花色的面料拼缝在一起，在视觉上给人以混合和离奇的感觉。牛仔服装设计手法中较为流行的"解构主义"是其典型代表，解构主义把牛仔服装的各个构成因素打乱后再融合到服装的造型中去，体现了人们反传统的心理需求和反常规的思维方式。带有卡通形象、字母的彩色贴片绣章本来是非常独立的装饰个体，艳丽的波普形象、滑稽的表情、出位的字体等表达了个人的兴趣所在。装饰的多与少、风格的动与静也完全是创意的结果。把带有卡通形象、字母的彩色绣章拿来贴缝在看似普通的牛仔外套上，这种设计使牛仔服装本来沉闷的蓝色或黑色增添了活力。这些拼拼凑凑的效果或多或少折射出牛仔服装设计是自我意识表达的一种集中体现。口袋，作为一种装饰性元素为牛仔服装带来百变的表情：前片的贴袋，侧缝、裤腿上的抽褶袋等。贴袋的设计形式有平整的、立体的，还有因为抽褶和松紧的效果而变得皱皱的，在兜口上再缝上珠片或波浪纹的织带等。缝线也是牛仔服装设计的重要技法之一，牛仔上特写部位的固定缝线，突出地显示了牛仔装的功能性。服装最容易磨损的就是膝盖和臀部，这也是人体运动中要求变化最大的地方，可以把直筒裤型的弧线型膝盖部位设计成立体褶皱造型。牛仔蓝上经过水洗的独特缝线，细微的斑点之间形成蓝与白的对话。从整体来看，牛仔图案更需要线迹来定位花型。牛仔服装上看似毫无关联的线迹，显现了含蓄而不张扬的美，如LEVIS的牛仔裤后袋便用手工车上了独特的双行弧线。如今，双行弧线已然成为美国历史最悠久的服装标记。

（四）附加性设计手法

牛仔服装设计的装饰手法很多，在牛仔服装的表面添加同质或不同质的材料，从而改变牛仔服装的外观。常用的手法有镶嵌铆钉拼贴、刺绣、粘合、吊挂等。随着东方神秘面纱的逐渐揭开，以东方图案和传统吉祥图案以及各少数民族自创图案为题材的牛仔服装开始风行起来（图4-13）。刺绣的手法在我国已孕育了几千年，相比之下，在牛仔服装上的运用，可以说是刺绣的一种新生。由于薄型丹宁布的问世，设计师们发现可以像刺绣在其他棉布上一样把自己喜欢的花纹图案绣在用薄型丹宁布制作的牛仔服装上，于是选择牛仔服装的合适位置，绣上用于纺织品刺绣的植物、动物图案，或者用纺织带和织锦缎等镶边。刺绣使原来粗犷不羁的牛仔服装也不断展现出温情婉约的一面，刺绣的牛仔服装在各种场合已经成了礼服的便装版，为牛仔服装在优雅和前卫之间提供了一种可能。牛仔服装采用的绣花装饰手法，一是直接在丹宁布上绣线装饰的平面绣法，二是采用绣珠片的立体绣法，可以看出刺绣在牛仔服装装饰上的作用已经举足轻重。流苏是牛仔服装附加性装饰的另一重要手段，当初，西部的牛仔们在牛仔裤上加上厚厚的牛皮护膝，在膝下的位置用长长的流苏作装饰，流苏使牛仔服装有奔腾飞扬的感觉。流苏的设计最早出现在裙摆、披肩、袖口、领口、袖缝和裤缝拼合的地方，后来延伸至皮包、腰带、皮靴、耳环等配饰，使牛仔服装强悍威猛的感觉扩大化。在解构主义装饰的影响下，随着牛仔

图4-13　印花牛仔服

服装制作技术的提高，在牛仔裤的后片做出了新的分割线，并镶入带有都市民族风味的流苏，后来流苏又出现在腰间的皮带、侧缝上等。用毛线绣出的玫瑰花样、丝绒贴绣、透明珠绣及赤橙黄绿青蓝紫的小珠子串成流苏造型设计，带有印第安人、吉普赛人四处为家的痕迹，是西部牛仔风格的延续。低腰牛仔裤搭配流苏腰带的设计，添加了些随意的线条，强化了腰部曲线。

六　儿童牛仔服的风格

（一）朋克设计风格

"朋克"是20世纪70年代年轻人蔑视传统和所谓高尚的社会风尚的一种表现方式，他们独特怪异、歇斯底里、肆无忌惮、自暴自弃，敢于对那些让自己窒息的清规戒律说"不"，朋克具有极端的反叛主义精神，在流行文化的喧嚣中演奏出了时尚的最强音。朋克以极端颓废的形式表现自我，朋克是叛逆、标新立异的思想体现。朋克牛仔设计主要表现在把出位的细节装饰变成时尚，用解构主义手法进行再设计，在牛仔服装上衣钉满夸张的金属扣、铆钉或闪烁的亮片，牛仔裤上运用撕裂、破洞、磨砂、毛边等多种设计手法，用金属挂链、鲜艳华丽的绑带皮靴、性感的网眼袜表现狂妄和愤怒的气息。新生代的朋克风格

图4-14　朋克风格牛仔服

放弃了原来的暴躁和直接，除了采用通常的水洗效果外，还使用须边、酸洗、破坏洗或是特殊印染等新的处理手法，再通过打褶、拼缝、镂空、压线等创新工艺，使牛仔服装的视觉效果表现得淋漓尽致（图4-14）。

（二）摇滚设计风格

摇滚设计风格是在摇滚文化影响下形成的着装观念与着装方式，自诞生以来一直是自由、叛逆、街头文化的象征，其款式、结构和图案蕴涵着丰富的前卫意识。摇滚风格的设

计抛弃了服装的功能性，牛仔裤和黑色T恤是摇滚风格牛仔服装的重要特征，有些设计运用军装元素、大头钉、金属扣及国旗图案、民族纹样、拼接、撕拉、镂空等解构手法形成了诸多变化，层叠、套色、拼接、烧裂、撕割、印染以及利用数码摄影产生"转印"效果等创意，极大地开拓了牛仔服装的设计领域。幽默的广告、讽刺的恶作剧、自嘲的理想、惊世骇俗的欲望、放浪不羁的情态都成为设计的突破口。还用牛仔服装的衣、裤、裙上抽出凌乱不堪的毛边设计表达与世俗的对抗，对传统的藐视（图4-15）。

（三）波普设计风格

波普艺术意为大众化的艺术。对所谓的高雅艺术，波普艺术的姿态是叛逆的。通俗、诙谐、喧闹和激情是波普的一切特质，波普牛仔服装风格钟情于将通俗文化及普通生活中的物件推向至高无上的殿堂。波普风格从流行文化中挖掘视觉资源，时装女郎、广告、商标、歌星影星、快餐、卡通漫画……几乎每个时尚领域都可以享受到波普自由而快乐的气息，它借用那些由于大众媒体宣传而家喻户晓的事物，如广告、商标、可乐罐以及明星头像等物品及图案，通过变形或夸张的手法对细节和质地进行描绘。牛仔服装的设计从波普文化中寻求灵感，伴随着音乐、电影和绘画，让波普艺术与牛仔一起律动，挑战视觉新鲜度。用玛丽莲·梦露、麦当娜等音乐人的肖像作为图案装饰，让偶像汇聚成的图案，让牛仔、薄纱、皮革多种面料混合成胸前的头像。波普艺术中的一些流行图案，如圆点、性感夸张的红唇、经典的黑白条纹、整幅的美国国旗、大大小小表情各异的美目、立体雕塑和调侃的漫画等，以及波普艺术中无厘头的配色都被作为潮流元素运用在牛仔服装的设计之中。街头涂鸦、数码玫瑰花图案、墙上常见的画符文字和七彩喷墨式的涂抹，以及骷髅及英文字母的图案等都是波普设计风格的体现。

波普设计风格还表现在细节的设计，着装者随心所欲地在裤腰、裤脚、口袋、膝部等处点缀上羽毛、亮片、贝壳，或者涂鸦出调侃的话语、卡通漫画。波普风格的牛仔已经不仅仅是服装设计的表现形式，而成为新的传播媒介，消费者可借各式不同的图案或文字来传达思想、发挥创意（图4-16）。

图4-15　摇滚风格牛仔服

图4-16　波普风格牛仔服

（四）怀旧设计风格

牛仔服装从诞生到成长一直都和社会大气候密不可分，由于回归原初的趋势，牛仔服装的设计也回到传统文化理念当中，同时牛仔文化、环保观念在牛仔服装的设计中得到重视。牛仔服装的设计开始挖掘牛仔服装的变迁过程及发展背景，比较早年生产的牛仔裤与今日牛仔裤的不同点，不断挖掘牛仔服装的精神实质。虽然现在的尺寸设计与人体配合得更加密切，腰围部分退至胯骨，但是牛仔服装的整体感觉趋于怀旧，同时瘦窄型和大喇叭裤管型再次成为设计的重点。有些怀旧风格的牛仔服装被磨破膝盖、让点点的破口泛起纱线断头，或者把丹宁布洗褪到灰白，甚至看不到丹宁布的本色，或者是把牛仔服装穿洞和做烂（图4-17）。

图4-17　怀旧风格牛仔服

任务2　项目案例实施

一　项目主题：小小探险家

二　灵感来源

本系列以探险家的神奇冒险经历为灵感，表达出孩童的世界从来不只有家庭和学校。只要拥有一颗勇敢有趣的心，每一个孩子都是小小探险家，可以用稚嫩的双手去触碰未知的世界，寻找不一样的绚丽彩虹（图4-18）。

图4-18　灵感来源

项目四　儿童牛仔服设计

三 色彩分析

色彩分析如图 4-19 所示。

图 4-19　色彩分析

四 面料分析

面料分析如图 4-20 所示。

图 4-20　面料分析

五 款式分析

款式分析如图 4-21 所示。

图 4-21　款式分析

六 系列设计效果图

系列设计效果图如图 4-22 所示。

图 4-22　系列设计效果图

七 系列设计款式图

系列设计款式图如图 4-23 所示。

图 4-23　系列设计款式图

任务3　品牌牛仔服赏析

品牌牛仔服赏析如图 4-24 ～图 4-57 所示。

图 4-24　Burberry 2015 春夏

图 4-25　Burberry 2016 春夏

图 4-26　Burberry 2015 春夏

图 4-27　Caramel 2018 春夏

图 4-28　Caramel 2019 春夏

图 4-29　Caramel 2019 春夏

图 4-30　Cutiebuddy 2019

图 4-31　Dior 2017 春夏

图 4-32　gxgkids 2019 夏季

图 4-33　julepcouture 2019 春秋

图 4-34　littlemoco 2019 夏季

图 4-35　momokids 2019 秋冬

图 4-36　MONITONG STUDIO 2019 春夏

图 4-37　MONITONG STUDIO 2019 夏

图 4-38　SASAKIDS 2019 秋冬

图 4-39　ullu 2019 秋

图 4-40　ZARA 2019 秋冬

图 4-41　ZARA 2019 秋冬

图 4-42　ZARA 2019 秋冬

图 4-43　ZARA 2019 秋冬

图 4-44　ZARA 2019 秋冬

图 4-45　巴拉巴拉 2019 秋季

图 4-46　巴拉巴拉 2019 春夏

图 4-47　卜瓜 2019 春夏

图 4-48　江南布衣 2019 秋冬

图 4-49　江南布衣 2019 秋冬

图 4-50　拉夏贝尔 2019 秋季

图 4-51　米喜迪 2019 春夏

图 4-52　米喜迪 2019 春夏

图 4-53　柒步独舞 2019 春秋

图 4-54　太平鸟 2018 春秋

图 4-55　太平鸟 2018 春季

图 4-56　小天真 2018 夏

图 4-57　小天真 2019 春秋

项目五

儿童毛衫设计

任务1 儿童毛衫设计要素

一 儿童毛衫概述

儿童毛衫是用毛型纱线通过线圈串套编织成的服装，是针织童装中经典的品类。主要原料有羊毛、羊绒、羊仔毛、兔毛、驼毛、马海毛、牦牛毛和化学纤维以及各种混纺纱线等。儿童毛衫的组织结构变化较多，具有很好的延伸性、弹性、保暖性和透气性，手感柔软、肌理丰富、穿着舒适没有拘束感。儿童羊毛衫款式多样，风格迥异，色彩丰富，既可内穿也可作为外衣穿着，是市场流行的主要童装品类之一。

毛衫特殊的组织结构方式，会形成毛衫这个品类独有的特性，这些特性是优势也是缺陷，在进行毛衫设计时，可合理运用这些特性，让毛衫呈现出独有的风格。

（一）脱散性

毛衫的组织结构单位是由纱线组成的线圈，线圈依据不同缠绕方法组合而成毛衫，一旦纱线断裂或线圈失去穿套连结，就会出现脱散现象，线圈一个个脱落，将原本有型的组织结构还原成了杂乱无章的弯曲的纱线。因此，设计儿童毛衫时要考虑到它的脱散性，尽量避免设计一些省道、分割线、拼接等，应设计外形简洁的毛衫款式。受时尚潮流的影响，做旧和破损的工艺手法也出现在儿童毛衫设计上，运用浮线脱散织物和移圈脱散的方法，可以造成毛衫破洞和脱散的效果，以达到毛衫内在性能与外观效果的完美结合，弥补因造型简单而产生的平淡呆板，增添儿童毛衫的艺术魅力（图5-1）。

（二）延展性

毛衫的线圈上下、左右都有较大的伸缩余地，受到外力后容易发生变形，所以具有良好的延展性。作为合体服装时，毛衫织片会随着人体曲线自然发生变化，线条流畅，舒适方便，适合儿童活动时的伸展、弯曲等生理要求（图5-2）。

图5-1 破洞毛衫

图5-2 合体毛衫

（三）卷边性

毛衫在自由状态下，其边缘会发生包卷，这种现象称为卷边。这是由于线圈中弯曲线段所具有的内应力力图使线段伸直而引起的。由于线圈相互联结，相互制约，其弯曲不能恢复。卷边性与毛衫的组织结构、纱线弹性、线密度、捻度和线圈长度等因素有关。利用卷边的这一特性，可以对儿童毛衫进行独特的设计，适当用在某一些特殊的位置，例如底边，给服装增加一分动感和俏皮（图5-3）。

三、儿童毛衫分类

儿童毛衫根据纱线种类的不同，可以分为以下几种。

（一）羊毛衫

图5-3　卷边毛衫

羊毛衫是以绵羊毛为原料，是针织毛衫中最大众化的一种，其针路清晰、衫面光洁、色泽明亮、手感柔软富有弹性。羊毛衫比较耐穿，价格适中（图5-4）。

（二）羊绒衫

羊绒衫，也称开司米（英文Cashmere）衫，是以山羊绒为原料针织而成的服装。根据纱线类别分为粗纺针织和精纺针织两种，山羊绒本身具有白、青、紫等天然色彩，也可染色。其轻盈保暖、娇艳华丽、手感细腻滑润、穿着舒适柔软。由于羊绒纤维细短，易起球，耐穿性不如普通羊毛衫，同时因羊绒资源稀少，素有"软黄金"之美誉，故羊绒衫价格昂贵（图5-5、图5-6）。

图5-4　羊毛衫

图5-5　羊绒衫（1）

图5-6　羊绒衫（2）

（三）羊仔毛衫

以未成年的羊羔毛为原料，故也称羔毛衫，比一般的羊毛要柔软些，由于羊羔毛细而软，因此羊仔毛衫细腻柔软，价格价格比羊毛衫高一些（图5-7）。

（四）雪兰毛衫

以原产于英国雪特兰岛的雪特兰毛为原料织造而成。由于雪兰毛以绒毛为主体并夹杂较多的粗毛和饿毛，这种天然的粗细混杂形成了雪兰毛织物特有的丰满而蓬松，柔软而不细腻，光泽和弹性较好的特点，具有粗犷的风格。现将具有这一风格的毛衫通称为雪兰毛衫，雪兰毛已成为粗狂风格的代名词（图5-8）。

图5-7 羊仔毛衫

图5-8 雪兰毛衫

（五）马海毛衫

马海毛指安哥拉山羊身上的被毛，又称安哥拉山羊毛。得名于土耳其语，意为"最好的毛"。毛纤维较粗，属于粗绒毛，其形态与长羊毛相似，表面鳞片少而钝，纤维外观光泽银亮，弹性特好，卷曲少，透气不起球，对于染料的亲和力好。马海毛衫穿着舒适保暖耐用，易于洗涤，色彩鲜艳，具有高贵的风格（图5-9）。

（六）羊驼毛衫

羊驼毛（alpaca），又名阿尔帕卡，属于骆驼毛纤维。它比马海毛更细，更柔软，其色泽为白色、棕色、淡黄褐色或黑色。羊驼毛衫膨松粗放、不易起球，保暖耐用，强力和保暖性均远高于羊毛衫（图5-10）。

图5-9 马海毛衫

图5-10 羊驼毛衫

（七）兔毛衫

一般采用一定比例的兔毛与羊毛混纺织制，兔毛衫的特色在于纤维细，手感滑糯、表面绒毛飘拂、色泽柔和、蓬松性好，穿着舒适潇洒，穿着中表面绒毛易脱落，保暖性胜过羊毛服装；如果采用先成衫、后染色的工艺（即先织后染工艺），可使其色泽更纯正、艳丽，别具一格（图5-11）。

（八）混纺毛衫

具有各种动物毛和化学纤维的"互补特性"，其外观有毛感，抗伸强度得到改善，降低了毛衫成本，是物美价廉的产品。但在混纺毛衫中，存在着不同类型纤维的上染、吸色能力不同造成染色效果不理想的特点及性质（图5-12）。

图5-11 兔毛衫

图5-12 混纺毛衫

（九）诺羊毛衫

出自澳大利亚的优质羊毛——美丽奴羊毛。超细美丽奴羊毛是羊毛中最细的，纤维表面覆有细密的鳞片，含油脂量高，净毛率比一般的半细毛和长羊毛低，洗后色泽洁白，带有银光或珠光般的优雅光泽。美利奴羊毛纺纱性能优良，可纺支数高，手感柔软而有弹性（图5-13）。

（十）腈纶衫

由腈纶纤维织造而成。腈纶具有独特的极似羊毛的优良特性，手感松软，蓬松性好，有较好弹性。手感与外观都很像羊毛，因此有"人造羊毛"之称。其染色性能好，色彩鲜艳，保暖性强（图5-14）。

图5-13 诺羊毛衫

图5-14 腈纶衫

三 儿童毛衫的造型要素

（一）廓形

符合儿童体型的毛衫廓形基本上可分为H型、A型和少量O型。由于不同年龄层次的儿童生理发展情况具有很大的差异，不同的阶段适合的廓形也是不同的。0～1岁的婴儿大多时间处于睡眠时间，对廓形的要求不大，所以在设计时侧重于考虑面料的保暖性；1～6岁的儿童活动量逐渐增大，多选用A型或O型，在设计时多以宽松舒适为主，设计尽量简洁；7～12岁的中童，开始逐渐进入发育期，但男女童的生理差异还较小，一般都选用H型；13～16岁的大童处于青春发育期，体型变化较大，但考虑到心理成长，此阶段不宜过于强调性别差异，因此还是选择以H型为主，在设计上注重简洁大方和合体舒适（图5-15～图5-20）。

图5-15　A型毛衫（1）

图5-16　A型毛衫（2）

图5-17　O型毛衫（1）

图5-18　O型毛衫（2）

图5-19　H型毛衫（1）

图5-20　H型毛衫（2）

（二）部件元素

儿童毛衫的部件设计要考虑到不同性别儿童之间的异同点。女童毛衫的领型大多为圆领，男童毛衫则除圆领外，V领也占一定比例，少数女童毛衫有荷叶边领等。袖型基本上为平肩袖，也有部分款式采用插肩袖和连身袖（图5-21～图5-24）。

图5-21　荷叶边领毛衫

图5-22　V领毛衫

图5-23　插肩袖毛衫

图5-24　平肩袖毛衫

（三）色彩元素

儿童毛衫色彩主要以经典色和常用色为主，根据市场流行趋势，也经常会使用少量流行色。由于婴儿的活动时间远远少于睡眠时间，在色彩的选择上倾向于恬静安适，适合选用浅色系，白色、淡蓝色等粉嫩色系；小童对于事物的认识还是依靠感知，更倾向于鲜艳的颜色，如绿色、红色等纯度较高的色彩；中童处于学龄期，处于认知的阶段，可选用多种色彩，但在色彩配比时应注意和谐；大童处于青春期，心理与生理逐渐成熟，开始倾向于成人的着装，为符合其心理特征，在设计时多选用低明度和低纯度的颜色，并在色彩搭配时注重时尚性（图5-25～图5-30）。

图 5-25　小童毛衫（1）

图 5-26　小童毛衫（2）

图 5-27　中童毛衫（1）

图 5-28　中童毛衫（2）

图 5-29　大童毛衫（1）

图 5-30　大童毛衫（2）

（四）图案元素

儿童毛衫图案题材主要有：几何图案，包括条纹和波点、菱形、文字和字母等；人物；动物；植物、花卉等。儿童毛衫的图案多以卡通的艺术形式和表现手法呈现，造型大多简洁、直观，这样的图案设计充分迎合了儿童单纯的心理特点（图 5-31 ~ 图 5-36）。

（五）装饰工艺元素

儿童毛衫主要采取的装饰工艺主要有几种方式：局部提花（包括单面提花和双面提花）、局部嵌花、烫钻绳绣，运用蕾丝、棉布等的贴布绣，刺绣、印花、扎花、珠花、盘花、拉毛、缩绒、镶皮、浮雕等。这些工艺手段可以单独运用在一款毛衫上，也可以通过多种工艺的结合，提升儿童毛衫的时尚性和艺术美感。

图 5-31 植物组合图案毛衫

图 5-32 动植物组合图案毛衫

图 5-33 条纹图案毛衫

图 5-34 动物、字母组合图案毛衫

图 5-35 几何图案毛衫

图 5-36 卡通图案毛衫

1. 印花毛衫

在毛衫上采用印花工艺印制各类花纹,增加毛衫的审美性,是毛衫装饰工艺手法中常用的一种方式。根据印花的部位和面积不同,可分为格满身印花、前身印花、局部印花等,印花毛衫外观优美、艺术感染力强、装饰性好(图5-37)。

2. 绣花毛衫

在毛衫上通过手工或机械方式刺绣上各种花型图案。花型细腻纤巧,绚丽多彩,风格独特,有本色绣毛衫、素色绣毛衫、彩绣毛衫、绒绣毛衫、丝绣毛衫、金银丝线绣毛衫等(图5-38)。

图5-37 印花毛衫

图5-38 绣花毛衫

3. 拉毛毛衫

将已织成的毛衫衣片经拉毛工艺处理,使织品的表面拉出一层均匀稠密的绒毛。拉毛毛衫手感蓬松柔软,穿着轻盈保暖,符合儿童天真可爱的天性(图5-39)。

4. 缩绒毛衫

又称缩毛毛衫、粗纺羊毛衫,一般都需经过缩绒处理。经缩绒后毛衫质地紧密厚实,手感柔软、丰满,表面绒毛稠密细腻,穿着舒适保暖(图5-40)。

图5-39 拉毛毛衫

图5-40 缩绒毛衫

5. 浮雕毛衫

是毛衫中艺术性较强的新品种，是将水溶性防缩绒树脂在羊毛衫上印上图案，再将整体毛衫进行缩绒处理，印上防缩剂的花纹处不产生缩绒现象，织品表面就呈现出缩绒与不缩绒凹凸为浮雕般的花型，再以印花点缀浮雕，使花型有强烈的立体感，花型优美雅致，给人以新颖醒目的感觉（图5-41～图5-45）。

图5-41　浮雕毛衫

图5-42　蕾丝装饰毛衫

图5-43　局部提花毛衫

图5-44　烫钻装饰毛衫

图5-45　嵌花装饰毛衫

四　儿童毛衫主要组织结构

（一）纬平针

纬平针又叫单边，是毛衫最普通的一种结构，具有明显的卷边特点。这种组织结构主要设计在服装的边缘处、如裙子下摆、上衣领口边等，让毛衫显得自然活跃，有层次感。如果是正反面不一样的毛织服装，卷边的利用还会产生撞色的效果，这样将会产生独特的外观效果。如果是整件的单边，可以在后期手工设计中，加入一些烫钻、贴布绣、镶边、丝带绣、订珠片等为服装增色，这是单边组织常见的表现手法，能突出一种非凡的艺术表现力、层次感、质朴感、俏皮感、可爱感随后期的装饰手法容易表达出来（图5-46）。

（二）罗纹组织

罗纹组织表面会产生条状凹凸效果，变化丰富。罗纹由于具有良好的收缩性，常用于领口、袖口、下摆等部位，具有良好的定型性和保暖性。应用于毛衫整体设计，贴体修身，具有拉长效果。在进行组织结构设计时，可将宽度不一致的罗纹排列在同一件服装上，将不同方向的线条相互穿插组合，会产生音乐的律动感，在儿童毛衫中是常见的罗纹设计方法。罗纹的收缩性能，在毛衫造型方面有意想不到的效果。可以根据款式设计合理选择罗纹长度，实用与装饰功能二者结合（图5-47）。

图5-46　纬平针组织毛衫

图5-47　罗纹组织毛衫

（三）提花组织

提花组织给儿童毛衫设计提供了取之不尽的灵感来源。自然界中一些美好的画面，经软件加工处理，选择合适的纱线将它编织出来，形成不同风格的设计作品，表达各种不同的艺术效果。提花根据所用的纱线数量可分为：单色提花、双色提花、三色提花、四色提花等。每一种提花组织都有其特性，在设计时要充分将其工艺与设计效果完美结合。合理运用图案，会使得毛衫的档次、品质得到提高，通过色彩和纱线之间的叠加与排列产生丰富层次感和美感（图5-48～图5-51）。

图5-48　提花组织毛衫（1）

图5-49　提花组织毛衫（2）

图 5-50 提花组织毛衫（3）

图 5-51 提花组织毛衫（4）

（四）移圈组织

移圈又叫挑孔、镂空或者网眼，移圈经常与平针、罗纹等组织组合运用，既体现了多样化的风格，同时保型性又有了很大改善。根据挑孔方法不同以及方向的多样化，网眼组织会产生很强的韵律感。网眼组织可根据毛衫的款式要求不同，选择横向编织和纵向编织。由于其轻薄而通透，常常用于夏季和初秋的儿童服装中。移圈图案的风格直接影响到毛衫风格，网眼组织图案造型适合表达清新、轻快、甜美之风，这种风格的儿童毛衫款式设计要尽量简洁、分割线少、不适合太多的口袋等。镂空艺术性强，可以不断变化出很多花样，尽显毛衫组织结构的非凡魅力（图 5-52、图 5-53）。

图 5-52 移圈组织毛衫（1）

图 5-53 移圈组织毛衫（2）

（五）集圈组织

集圈组织是儿童毛衫常见的一种花色组织，由线圈和悬弧构成。集圈可以分为单面集圈和双面集圈。集圈组织的花色较多，利用集圈线圈的排列和不同色彩纱线的使用，可使织物表面产生图案、闪色、孔眼以及凹凸等效应，有立体感，稳固性强，难于松散，但是容易勾丝，可用于儿童毛衫外套的编织（图5-54）。

（六）扭绳组织

扭绳也称麻花、绞花、阿兰花，扭绳的工艺是将左边的几针与邻近的右边的几针相互交叉，移动位置，有较强的立体效果。扭绳组织经常设计在衣身前后片、前中心线、公主线、袖中及帽子等位置。将扭绳旁边的针设计为反针，从而使底针、绞花的立体感更加突出，花型更清晰，对比更强烈，是设计绞花组织常见的方法。扭绳还可以同时与平针、罗纹、挑孔、立体花等综合运用，再加入一些诸如纽扣、花边等饰品混搭，彰显出田园风格、休闲风格等特征（图5-55、图5-56）。

图5-54　集圈组织毛衫

图5-55　纽绳组织毛衫（1）

图5-56　纽绳组织毛衫（2）

五 儿童毛衫设计原则

儿童毛衫作为童装中一个重要品类，已经成为儿童日常着装必不可少的穿搭单品，从儿童心理和生理健康角度出发，儿童毛衫设计需遵循以下设计原则。

（一）安全性原则

1. 面料安全

为确保儿童的安全健康，儿童毛衫的面料必须具有安全性，符合国家基本安全技术标准，适应儿童易出汗、皮肤敏感和抵抗能力差等生理特征，所以在设计时应着重考虑儿童毛衫的面料，尽量选择绿色天然的原材料，如纯棉、纯羊毛等材质的纱线（图5-57）。

图5-57　纯棉毛衫

2. 装饰安全

在设计儿童毛衫设计时，为达到时尚美观的审美目的，经常会使用各种不同材质和风格的装饰物。由于儿童有活泼好动的心理特征，缺乏安全意识，在儿童毛衫设计时应注意装饰的材质和工艺手法的选择，避免使用具有尖锐边缘、有伤害性风险的装饰物。毛衫中所使用的绳带、拉链、纽扣等辅料等都必须符合国家规范，而装饰的种类、位置和材质也都应当遵循安全性原则，从而避免对儿童的生命安全造成潜在威胁（图5-58）。

图5-58 蕾丝、缎带装饰毛衫

（二）功能性原则

1. 基本功能

儿童毛衫的功能设计应符合儿童基本的生理需求，具有能调节气候温度的能力；具有保护身体、满足身体活动需求的功效；要符合儿童的穿戴习惯。因此，在设计儿童毛衫时应注重其面料、纱线元素和造型元素，应熟悉各种材料的性能，灵活选择合适的面料，并确定合适的部件造型与款式，满足儿童毛衫的实用功能。

2. 拓展功能

在需求量日益增长的时代，单一的基本功能已经满足不了消费者的需求，儿童毛衫设计需要在基础功能上增加一些趣味性，以不同年龄层次儿童的需求为基础，结合图案元素以及多样的工艺元素，增加设计美感，提升毛衫产品价值（图5-59）。

图5-59 动物造型毛衫

（三）直观性原则

儿童对于服装的审美尚处在认识阶段，对美的认识往往来自直观的感受，因此他们一旦被某种设计元素所吸引，如色彩元素、图案元素、装饰元素等，就会影响他们对服装的选择。因此，在设计儿童毛衫时应迎合儿童的心理特征，适当增加毛衫的闪光点，灵活运用直观性原则。

（四）创新性原则

儿童毛衫的设计要注重原创性，而不是一味地模仿抄袭，这种创新可以创造新元素，也可以在常用元素的基础上进行改革设计，灵活运用多种设计元素，在款式设计上进行改革创新，让毛衫有更多的可能性，达到一衣两用或多用的效果。但在创新设计的过程中，应时刻关注儿童毛衫设计的流行趋势，在把握流行方向的基础上进行合理的创新（图5-60）。

图5-60 时尚设计毛衫

任务2　项目案例实施

一　项目主题：巧克力威化

二　灵感解析

灵感解析如图 5-61 所示。

图 5-61　灵感解析

三 配色解析

配色解析如图 5-62 所示。

图 5-62　配色解析

四 造型解析

造型解析如图 5-63 所示。

图 5-63　造型解析

五 材质解析

材质解析如图 5-64 所示。

图 5-64 材质解析

六 系列设计效果图

系列设计效果图如图 5-65 所示。

图 5-65 系列设计效果图

七 系列设计款式图

系列设计款式图如图 5-66 所示。

图 5-66　系列设计款式图

任务3　品牌毛衫赏析

品牌毛衫赏析如图 5-67 ~ 图 5-82 所示。

图 5-67　Bobo Choses 2019 春夏

图 5-68　mi.mi.sol 2016 秋冬

图 5-69 Caramel 2016 秋冬

图 5-70 GRIS 2019 秋冬

图 5-71 Bellerose 2019 秋冬

图 5-72 江南布衣 2019 秋冬

图 5-73　Bobo Choses 2019 春夏

图 5-74　柒步独舞 2018 秋冬

图 5-75　GUCCI 2019 秋冬

图 5-76　Burberry 2014 秋冬

图 5-77　GUCCI 2019 秋冬

图 5-78　GUCCI 2019 秋冬

图 5-79　SASAKIDS 2019 秋冬

图 5-80　SASAKIDS 2019 秋冬

图 5-81　尼尔斯嘉 2019 秋冬

图 5-82　茵曼 2019 秋季

项目五　儿童毛衫设计

项目六

儿童大衣设计

任务1 儿童大衣设计要素

一 儿童大衣概述

大衣以实用大方的特点成为儿童服饰中的一个重要品类。相对而言，大衣的款式流行的周期时间比较长，一件经典款式的大衣能够穿着的时间也较长。受款式和面料的影响，大衣的廓形可变化性不强，都是由最早的大衣款式逐步衍生过来，所以作为经典的服饰单品，大衣成为了儿童衣橱中不可或缺的服装。

在追求流行的脚步中，童装也受到时尚前沿风潮的影响。经历了无数有才华的设计师百年来的奇思妙想，服装的款式种类日益增多，通过改变基本款式造型衍生出多种设计。看似风格无迹可寻的各类大衣其实都是由经典的大衣款式演变过来的，最经典的风格往往在瞬息万变的流行时尚中慢慢沉积下来，经受住不同时代大众的考验，而愈发显得弥足珍贵（图6-1、图6-2）。

图6-1 枪驳领款式大衣

图6-2 经典大衣造型

二 儿童大衣面料应用

服装设计材质可以靠面料来体现，可以说是对服装设计是否成功进行衡量的关键元素，对服装设计来说，如何选择面料极大影响着该工作的开展。面料对服装设计来说不仅具有实用性价值，而且也有很高的美学价值。时尚、舒适、面料、潮流、色彩以及款式等是服装必须讲究的要素，它们之间相互关联，具有十分重要的密切关系。

（1）哔叽：用精梳毛纱织制的一种素色斜纹毛织物。呢面光洁平整，纹路清晰，质地较厚而软，紧密适中，悬垂性好，以藏青色和黑色为多。适合做学生服、军服和男女套装服料。哔叽可用各种品质羊毛为原料，纱支范围较广，一般为双股30～60公支，以2/2斜纹组织织制，经密稍大于纬密，斜纹角度右斜约45度。棉哔叽以棉或棉混纺纱线为原料，组织结构与毛哔叽相似。线哔叽正面为右斜纹，经染色加工可做男女服装。纱哔叽正面为左斜纹，经印花加工主要用作女装和童装服料（图6-3）。

（2）华达呢：华达呢又称炸别丁，是一种有一定防水性能的斜纹毛织物，由英国著名品牌博柏利（Burberry）有限公司发明。呢面平整光洁，斜纹纹路清晰细致，手感挺括结实，色泽柔和，多为素色，也有闪色和夹花的。经纱密度是纬纱密度的2倍，经向强力较高，坚牢耐穿（图6-4）。

图6-3　哔叽面料

图6-4　华达呢面料

（3）花呢：花呢是精纺呢绒中品种花色最多、组织最丰富的产品。利用各种精梳的彩色纱线、花色捻线、嵌线做经纬纱，并运用平纹、斜纹、变斜或经二重等组织的变化和组合，能使呢面呈现各种条、格、小提花及颜色隐条效应。

花呢品种繁多，分类方法不一。按呢面风格分有纹面花呢、呢面花呢、绒面花呢；按重量分有薄花呢（195克/2米以下）、中厚花呢（195～315克/2米）、厚花呢（315克/2米以上）；按原料分有全毛花呢、毛粘花呢、毛涤花呢等；按花样分有素花呢、条花呢、人字花呢、格子花呢等；按工艺分有精纺花呢、粗纺花呢、半精纺花呢（图6-5）。

（4）凡立丁：凡立丁（tropical suiting）是用精梳毛纱织制的轻薄型平纹毛织物。织物重约170～200克/平方米，又名薄毛呢，呢面经直纬平，色泽鲜艳匀净，光泽自然柔和，手感滑、挺、爽，活络富有弹性，具有抗皱性，纱线条干均匀，透气性能好，适合制作各类套装等（图6-6）。

图6-5　花呢面料

图6-6　凡立丁面料

三　儿童大衣廓形设计

在童装的大衣廓形设计中，线条是表达廓形结构设计的主要形式。廓形的变化主要体现外轮廓线的改变，是服装款式演变的鲜明特点，纵然服装的外造型千变万化，也都要考虑人体的基本形态。决定廓形的外部轮廓线变化的主要部分是肩、腰和底摆。在童装大衣整体的服装造型设计中,腰部的设计起到至关重要的作用,其中腰部的放松量的取值和腰线的高低是影响服装款式的主要因素。大衣廓形的设计取决于设计师对审美的把握,以及制作人员对经验的传承与运用,所以说人们对廓形的审美感知和其款式结构设计是相辅相成的,两者之间具有非常密切的关系。

1. 矩形轮廓

矩形轮廓线服装呈直筒式,在童装秋冬外套中最为常见。这种廓形比较符合人体躯干比例,具有很强烈的视觉美的特征。童装受成人服装设计的影响,在秋冬大衣等设计中模仿成人长方形大衣的设计,如常见的西方、风衣等,塑造一种正装的感觉(图6-7)。

图6-7 矩形轮廓

2. 梯形轮廓

梯形轮廓外形特点是上小下大,倒梯形刚好相反,这种廓形款式特点在于服装比较宽松,强调肩部体积感,成梯形外形。童装大多重视运动性,不过于强调肩部体积感,不过在学生制服外套等正装中,有梯形轮廓线的运用(图6-8、图6-9)。

3. 圆形轮廓

圆形轮廓外型特征是两端收紧,中间放松,外观呈圆形的造型。圆形轮廓线的造型夸张,体现儿童可爱憨厚有趣的特点,在女童裙装中常用(图6-10)。

图6-8 梯形轮廓　　　　图6-9 梯形轮廓　　　　图6-10 圆形轮廓

4.影响服装廓形变迁的因素

任何事物的变化都分别存在着主观或客观等多方面的原因。多种因素影响服装展现的美感,包括服装变化的内部因素以及外部因素。服装的发展离不开时代环境的制约,服装只有不断创新才能满足人类环境变化多端的需求。外部环境如气候的转变、政治因素的影响、宗教问题的矛盾、思潮的反复、战争的爆发、科技的不断变更等因素共同引发服装廓形的变化,并且一直延续下去。

四 儿童大衣色彩设计

色彩是服装设计中的重要表现形式,合理的色彩搭配和设计一方面给人愉悦、和谐的视觉感知,另一方面同样可以影响人的情绪。儿童服装中的色彩设计不仅带给穿着者惟妙惟肖的感觉,还为设计师增添许多灵感。色彩是服装款式以及面料的基本表达语言,它们之间相结合可创作出完美的作品。不管是儿童还是成人,他们对服装色彩的追求都是永无止境的,对服装美感、材质、款式等的认知都在逐渐提升,所以在设计时应该更加与时俱进,强调科学性,以此设计出符合市场需求的产品,满足消费者的主观需求。

儿童服装中的色彩具有很强的视觉冲击力,夺人眼球,增强了儿童的色彩感知力(图6-11)。五彩缤纷的色彩在服装设计中可引起人们的注意,带给穿着者自信。由于儿童心智和见解还处在发育完善的阶段,对一些审美和时尚的概念较为模糊,所以更应该合理搭配儿童服装,培养儿童对色彩的认知,使得儿童从小树立一种高品位的衣品观念,同时有利于儿童的身心健康和全面发展。儿童服饰在色彩设计上应满足以下原则。

图6-11 色彩的冲击力

首先遵循色彩搭配的安全理念。儿童正处在身体发育的阶段，所以服装设计的前提是要保证色彩对儿童的身心发展没有损害。为了防止色彩损害儿童皮肤，可选择较单纯通透的色彩，比如蓝色、黄色、白色等视觉柔和的色彩来保护儿童的眼睛和皮肤。在选定色彩的基础上，再加上一些可爱元素的图案，如小动物、花草、卡通形象等，起到点缀和引领作用（图6-12）。

其次遵循色彩搭配的健康理念。儿童衣服色彩严禁昏暗、低沉、暗淡。儿童的健康发展是社会和国家都殷切盼望的，在色彩的选择上应该更偏向于美好、纯洁的元素，比如红色代表太阳、绿色代表森林、白色代表雪花、蓝色代表大海等，设计师在设计色彩时可以根据这些基调进行加工，给儿童呈现更淳朴的视觉体验，整体呈现明媚健康的形象，提高儿童对于色彩的认知和辨别能力（图6-13）。

最后应遵循色彩搭配的幸福理念。儿童天真烂漫的笑脸会给人带来希望和幸福感，因为他们身上代表着努力和希望，色彩的合理搭配可以增加儿童的幸福感。红色、橙色、橘红色等颜色很能突出儿童的天性，使得儿童产生一种快乐的心情。鲜明的对比可加深儿童的幸福感，有利于儿童的成长和发育（图6-14）。

图6-12　柔和的色彩　　　　　图6-13　跳跃的红色　　　　　图6-14　幸福的粉色

五 儿童大衣细节设计

在大衣的设计过程中还应注意领型与服装各细部结构造型关系，即领型与门襟摆角、袋型、各分割部位线条间的互相协调。其节奏都要有一个"主旋律"，即统一的格调。传统意义上，圆领与圆摆门襟、圆底袋与圆袋盖最为统一，方领最好与方形造型的各部位相统一。其实，这仅是一种最简易、最容易统一的设计方法。我们除了应用基本的呼应原则外，可在某部位适当地采用方对圆、直线对曲线的对比手法，使服装显得静中有动、动静结合、阳刚同阴柔美巧妙结合。这种设计更易捕获观赏者的目光，更能引起消费者的购买欲望（图6-15～图6-17）。

图 6-15　袖子的设计　　　　　图 6-16　纽扣的设计　　　　　图 6-17　口袋的设计

六　儿童大衣图案设计

图案是一种装饰性的艺术，运用在服装上就是装饰性和实用性相结合的一种艺术形式，是服装整体的一部分。服饰图案来源于自然，以丰富的色彩和独特的结构借助服装这个载体来表达其强烈的视觉冲击力和艺术感召力。而在童装设计中，服饰图案尤为重要，与其他类别的服装相比它与童装的关系更加密切，这是由童装本身所具备的显性价值决定的。儿童服装具有面积小、装饰布局跳跃性强等特点，通常喜欢使用散点满花和局部装饰设计。童装图案装饰主题主要源于儿童的日常生活，多是接近现实的花卉、水果或卡通造型，色彩比较鲜艳，较容易被儿童接受并且能调动他们的积极情绪。

将图案用于儿童服装的某些部位，如领部、袖口、门襟、下摆等，局部用图案点缀来驱散整体单调感，并且强化服装的局部设计，形成视觉中心。所以在图案的运用中则要求图案有变化但不显零乱，突出重点，主次分明。运用得当的服装图案，可以与服装的造型、色彩、工艺、材质共同创造出服装的艺术美和整体美，打造出一件具有人文情怀且实用的服饰作品。

不同的图案内容不仅体现了服装的风格，同时也体现了儿童的不同性格。图案本身也代表着一个地域的民族文化，它是一种情感的象征，表达了不同的审美观念和生活情操。在儿童服饰图案的运用中，以下几种题材为主要的运用元素。

1. 动物元素

儿童天生就有想认识自然、亲近自然的愿望，对自然界的探索是儿童的兴趣所在。自然界当中物种丰富多样，包括花朵、树木、鸟兽、虫鱼等，可以将这些元素应用到儿童服装设计当中。对动物元素的应用可以是多样形式的，写实性地将动物造型应用到服装当中，可以直观地展现出动物的形象与特征。儿童对直观事物产生的认知度比较高，能够很快地接收到传递的信息，通过动物形象，儿童能够了解认识到动物的特征。温顺可爱的动物如小白兔、小鸟、小狗等，能够促进儿童友善、关爱的个性；新颖奇特的动物则能够启发儿童联想及想象的能力（图 6-18、图 6-19）。

图6-18 猫头鹰图案　　　　　　　　图6-19 小鹿图案设计

在动物元素的运用中，可以通过多种艺术手法进行再次创作，形成一种全新的图案形象。将动物元素进行抽象化的设计处理，也是有效的应用方式。抽象化是指将真实的形象进行取舍选择，提取其本质特征，是现实形象更概念化的体现。例如将动物造型提炼为色块组合的形式、线条表现的形式等，用更符号化的视觉语言来展现动物的特征特点，设计的个性特色会更加鲜明。对动物元素进行拟人化的设计，这种方式也是儿童喜爱的形式，动物形象可以是聪明可爱、趣味幽默、正直坚强等。用恰当的设计造型方法表现出动物拟人化的特征，这样的应用方式能够使设计作品具有较好的亲和力，能够使儿童从心理上产生共鸣，启发出儿童内在的品格素养。

2. 植物元素

大自然中生长着形态各异的各种植物，花草、树木、果实、藤蔓等都是充满活力与生机的品类。植物是大自然的造化产物，其天然形态具有非常独特的美感，有的婀娜多姿，有的挺拔刚劲，有的清秀典雅，风格多变。在中外文化历史中，都有赞美植物之美的，中国人热爱莲花的高雅圣洁，日本人热爱樱花的缤纷繁盛，加拿大人热爱枫树叶。人类对于植物之美的赞誉长久以来都存在于方方面面。在童装的设计中，植物图案的天然之美可以衬托儿童纯洁、天真的特点；植物的刚劲之美可以启发儿童勇敢、进取的品质；植物的缤纷多彩之美可以凸显儿童活泼、可爱的特点。植物元素在童装上可以具象、抽象地表现；整体、局部地表现；平面式、立体式地表现。在童装中将设计元素进行适当的立体化的应用，能够使服装的视觉层次更丰富，增加了立体感和触摸感，增添服饰的别致性，更容易吸引消费的眼光（图6-20）。

3. 字母和数字元素的应用

认识字母和数字是儿童成长过程中一个重要的阶段，将这些元素应用到儿童服装上，可以促进儿童的认知学习能力，符号化的视觉形式易于儿童接受并记忆。但是将字母和数字应用到服装上，需要对其进行再创造，展现出更多元化的艺术表现形式，恰当表现出这种元素的本质。将字母数字进行卡通化的处理，使原本规整的形式产生变化，对其进行扭曲、变形、肌理化、拟人化等设计，通过灵活多样的方式让字母数字的造型多变而生动起来，使其更符合儿童的审美特点。将字母数字元素进行多种形式的排列组合与排布，能够得到风格各

图6-20 植物图案

异的视觉效果。例如将元素进行重复构成，把字母数字重复排列，可在视觉上产生延续和强化效果，产生形式美感。将元素进行渐变式设计，把字母数字进行疏密渐变、虚实渐变、色彩渐变、形状渐变等排列构成，能够产生节奏韵律的形式美感。也可将元素进行发射状、特异性、透视性的分布等构成。运用多样的排布方式，元素在服装上的应用能够更加灵活，可以产生出空间感和立体感，能够有效激发儿童的好奇心与想象力（图6-21）。

图6-21 字母图案

任务2　项目案例实施

一　项目主题：红皇后的妙妙兔

每个人在童年都会有自己最向往的地方，而开启我们心灵之窗的往往是童话故事。《爱丽丝梦游仙境》就是童年时的一个梦幻开始，在我内心深处播种下设计的灵感。

二　主题解析

主题解析如图 6-22 所示。

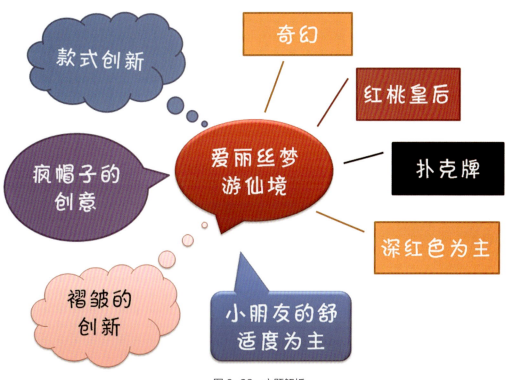

图 6-22　主题解析

三 灵感解析

本系列是主题为"梦境的诱惑"的童装系列,旨在突出孩童活泼、欢快、可爱的特点。女童装俏皮、甜美,男童装突出大方、欢愉、魔幻的风格。整个系列在主色系上采用红色,代表了当代儿童的自信和果敢,体现了设计师对儿童天真烂漫的无限遐想与憧憬。爱丽丝梦游仙境症(Alice in Wonderland Syndrome,简称AIWS),又称"视微症",是一种罕见的眼疾,它发作时患者看见的物体会忽然变得很大,或者突然变小,在神经学上被认为具有高度的迷惑性,会影响人类的视觉感知,正因为这一点让设计更加充满了传奇色彩(图6-23)。

图6-23 灵感解析

四 配色解析

配色解析如图 6-24 所示。

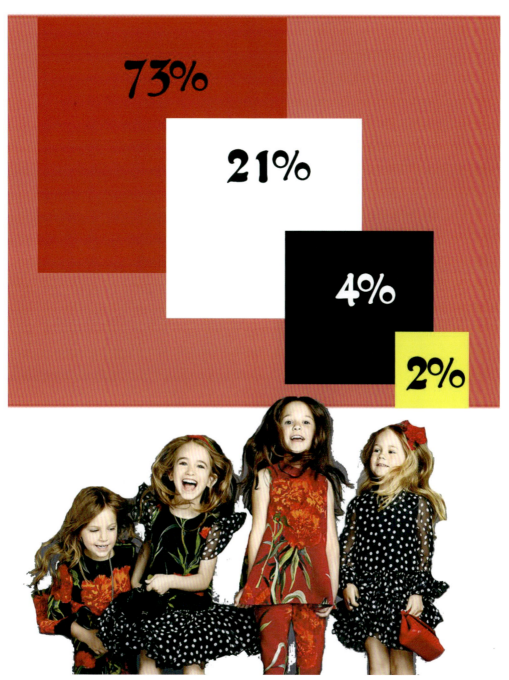

图 6-24　配色解析

五 风格定位

这一系列的风格定位为复古、轻奢、创意（图 6-25）。

图 6-25　风格定位

六 材质解析

面料解析如图 6-26 所示,辅料解析如图 6-27 所示。

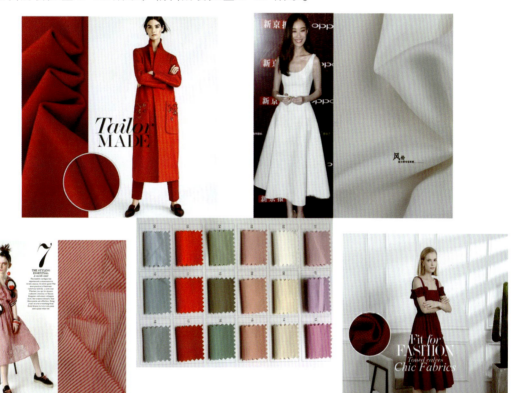

图 6-26 面料解析

黑色黄条纹

图 6-27 辅料解析

七 配饰解析

配饰解析如图 6-28 所示。

图 6-28　配饰解析

八 系列设计效果图

系列设计效果图如图 6-29 所示。

图 6-29 系列设计效果图

九 系列设计款式图

系列设计款式图如图 6-30 所示。

图 6-30 系列设计款式图

十 系列设计成衣展示

系列设计成衣展示如图 6-31 所示。

图 6-31 系列设计成衣展示

任务3 品牌大衣赏析

品牌大衣赏析如图 6-32~图 6-53 所示。

图 6-32 笛莎女童大衣

图 6-33 红黄蓝男童大衣

图 6-34 巴拉巴拉男童大衣

图 6-35 红黄蓝男童大衣

项目六 儿童大衣设计

图6-36　ZARA 女童大衣

图6-37　ZARA 女童大衣

图6-38　杜嘉班纳 女童大衣

图6-39 杜嘉班纳 女童大衣

图6-40 杜嘉班纳 女童大衣

图6-41 杜嘉班纳 女童大衣

图6-42 杜嘉班纳 女童大衣

图 6-43　杜嘉班纳 女童大衣

图 6-44　巴拉巴拉男童大衣

图 6-45　巴拉巴拉男童大衣

图 6-46 powinpow 女童大衣

图 6-47 巴拉巴拉女童大衣

图 6-48 纯一良品男童大衣

图 6-49 茵曼女童大衣

图 6-50　SCHWARTZ 男童大衣

图 6-51　时尚小鱼女童大衣

图 6-52　富罗迷女童大衣

图 6-53　GXG.KIDS 女童大衣

项目六　儿童大衣设计

项目七

儿童羽绒服设计

任务1　儿童羽绒服设计要素

一　儿童羽绒服概述

羽绒服是寒冬腊月常见的御寒服装，也是冬季服装市场上重要的销售品类。近年特别流行藏胆式、易拆洗的羽绒大衣及各种时装化的羽绒服。羽绒服具有防风防寒、轻便蓬松、易于保养等显著特点，受到消费者的广泛喜爱。在成衣市场上常见的品种有羽绒夹克衫、羽绒大衣、羽绒背心、羽绒裤等。在冬季保暖性服装的市场上，羽绒服的销售量远超价格昂贵的羊绒大衣和保暖性相对差的棉衣，这种独特的性能和季节应时性使得羽绒服具有了得天独厚的优势。

纵观近年来儿童羽绒服的发展规律，在创新设计的大环境下，大部分品牌从改良款式外观考虑，力求将羽绒服设计得更加时尚，更加具有原创性，以获得年轻时尚群体的认同，从而提高其羽绒产品的销售量，抢占更多市场份额。设计师设计羽绒服时，应该在了解制作羽绒服的特殊材料的织造结构、服用性能和造型特点的基础上，合理选择面料并进行组合搭配。同时还要善于根据流行趋势创新性地使用新型面料或进行面料再造，使羽绒服的功能性最佳，造型更时尚。设计师还应考虑面料的风格特点所蕴含的情感倾向，将这种情感与消费者的个人需求紧密结合，打造儿童专属的服装风格（图7-1、图7-2）。

图7-1　门襟装饰的羽绒服　　　图7-2　夹克款羽绒服

二　儿童羽绒服面料应用

羽绒服的面料具有一定的特殊性，它是用经过精选、药物消毒、高温烘干的鹅或鸭绒毛作芯，用各种优质薄细布作胆衬料，按照预先设计的服装式样，用直缝格或斜缝格制出衣坯，固定羽绒，然后再用各色尼龙布作内里，以高密度的防绒、防水的真丝塔夫绸、锦纶塔夫绸等作面料缝合而成。羽绒的特殊结构决定了羽绒服具备热传导性低的特点。适度含绒量的羽绒具有独特的"轻、暖"的特点。羽绒服与同样厚度的普通棉衣织物相比，其保暖性高4倍。为了达到最佳的保暖效果，消费者在选购羽绒服的时候需要考虑地域和实时气候条件，选择含绒量和充绒量最佳、与穿着者最贴身的羽绒服，而不是单纯的吹起衣服的厚度，而忽略羽绒服的服装特质（图7-3、图7-4）。

图7-3　轻薄款羽绒服　　　　　　图7-4　保温款羽绒服

羽绒服面料有以下特点。

（1）防绒阻燃。防羽布料是高密织物，质地均匀、光洁细腻、薄爽柔软，是制作冬季羽绒服广泛采用的面料。增强羽绒面料的防绒性有三种方式，一是在基布上覆膜或者涂层，通过薄膜或涂层来防止漏绒，当然首要的前提是透气，并且不会影响面料的轻薄和柔软程度。二是将高密度织物通过后期处理，提高织物本身的防绒性能。三是在羽绒面料里层添加一层防绒布。用聚丙烯酸酯等高分子材料为主体并以多种高性能助剂配合而成的防羽绒和阻燃涂层胶进行涂层整理，使得织物又具有防羽绒、阻燃等功能。

（2）防风透气。大部分的羽绒服受到材质的影响要具有一定的防风性。透气是基本的要求，但是很多人却往往会忽视羽绒服面料透气的重要性，只有透气的面料才能让填充的羽绒达到最好的保暖效果，这在设计和制作中是不可忽略的环节。

（3）防水。主要针对专业型羽绒服和较寒冷多雪地区，人们可以在酷寒环境下直接外穿，羽绒服的面料要直接代替雨衣使用，防止雨雪落到衣服上后融化打湿羽绒，使其失去保暖的价值和意义。

儿童羽绒服的材料构成上分为填料、面料、里料和辅料等。

（1）羽绒服的填料。羽绒一般包括鸭绒、鹅绒等毛绒，它们具有较高的蓬松性、良好的保暖性和吸湿、放湿性。使用羽绒做絮填料常常用质地细密的防羽布包裹羽绒，先制成胆芯，然后充填于衣中。以化纤絮片作填充物，用得较多的有中空腈纶絮片，还有一种混有烯烃纤维的涤纶短纤维新型材料。和羽绒相比而言，化纤不会穿出织物，较难受潮，且容易干燥。对织物面料也无特殊的限定条件和要求（图7-5、图7-6）。

（2）羽绒服的面料。羽绒服一般选择高密度、透气、防水的面料，如高密度防绒布、尼龙绸等，以防止羽绒外钻、跑毛或飞丝。羽绒服面料可以简单分为硬、软两类。质地较"硬"的面料平整、挺括，制成的衣服穿起来挺括干练，如高支密卡其、斜纹布、涂层府绸、

图 7-5　鸭绒

图 7-6　鹅绒

尼丝纺及各式条格印花织物都能选用，还可以用各种不同面料进行拼接。质地"柔软"的面料轻软、细密，制成衣服穿着舒适、随意，保暖性高于前者。经常选用的面料有较高档的高密度防水真丝塔夫绸、尼龙塔夫绸、高密度防水羽绒布、线呢及经过涂层轧光的高支高密涤棉府绸和尼丝纺等（图 7-7）。

（3）羽绒服里料。羽绒服里料的选择，主要是看密度，里料密度不够会跑绒，高密塔夫绸、高密醋酸绸等密度在 200D 以上都可以，纯棉仿羽布也是不错的选择。

（4）羽绒服的辅料一般选用较为耐用的材料，与羽绒的特性匹配，保证羽绒的囊胆不易开散和变形，便于服装的穿着拆装，为儿童提供便利。同时也要注重辅料对羽绒服整体的装饰性，针对羽绒服不同的设计风格选用不同的辅料进行搭配，使辅料不但具有辅助功效，还能成为设计的隐藏的秘密武器（图 7-8）。

图 7-7　独特的面料

图 7-8　辅料的运用

三　儿童羽绒服色彩设计

童装的色彩是童装中的重要视觉因素，色彩搭配上的成功也在一定程度上决定了服装设计的成功。服装的情感可以通过颜色而展现，尤其在儿童服装色彩的运用设计中显得更加直观。设计者通过颜色的搭配展现自身的情感元素，服装的冷暖、深浅色调的选择其实也是设计者自身情感表达的过程。作为情感传递的纽带，色彩发挥着十分重要的作用。消费者和设计者在情感上的共鸣是通过对于服装的欣赏获得，色彩作为重要的表达元素成为了中介工具。

色彩本身并不能直观的判断为丑或者美，搭配的成功与否展现出了人们对于色彩的美丑的感受，这是一种主观意义上的色彩感受。在服装设计中使用色彩并非仅仅是机械的填充，而需遵循一定的设计原理。因此，在服装设计中设计师要善于把握色彩搭配的方法。在羽绒服的服装色彩搭配中需要遵循以下原理，作为该品类服装设计的引领。

（1）遵循主次分明的设计原则。在服装色彩的搭配过程中，必须明确选择色彩的目的性，只有将主脉络进行有机梳理，才能在后续的设计中掌握方向。颜色有冷暖、深浅之分，各自代表不同的含义，如果服装是要表达热情、温和的感觉则可以选择暖色调；如果服装想要表达的是沉稳、安静的感觉可以选择冷色调；如果服装想要表达的是轻松、愉快的感觉可以使用浅色调；如果想选择的感觉是端庄、严肃的，则可运用深色调来进行设计。只有确定好主色调，才能对次要颜色进行与之呼应的色彩搭配，毕竟次要颜色是为了更好地服务于主色调，而不应是喧宾夺主的搭配的方式，所以在服装色彩的选用上一定要主次分明，使得这种关系明确而条理性，便于服装整体的形象塑造，使色彩的主次关系能够更好的共融性，形成一个完整的整体氛围（图7-9、图7-10）。

图7-9　黄色为主的设计

图7-10　沉稳的颜色

（2）色彩的多元化、重复性的搭配方式。色彩的多元化指的是色彩的丰富性，一般来说，服装中的色彩使用都不是单一的，而是多种色彩的合理搭配。重复性指的是色彩在服装中的应用不止体现在一处，而是服装的多处可以使用同一种颜色，各种颜色点缀交叉使用，构成各种图案以及形状。在多元化色彩的搭配中，应需遵循色彩的基本原则，而不是盲目的堆砌和叠加。这些原则包括，补色对比、对比色对比、撞色搭配等多种技法和形式，只有深入把握这些搭配方式，才能使多元化和重复性的搭配方式显得比较高级和谐（图 7-11、图 7-12）。

（3）色彩的协调性。协调性不仅是色彩与服装的协调，也是色彩与周围环境的协调。服装的色彩搭配必须要与服装的整体效果相和谐。通过这样的一致性营造协调的氛围，使服装更具魅力。同时，随着时代的不断发展，童装的色彩也在不断发生变化，设计师在进行童装设计时，必须将各项影响因素考虑在内，设计出符合现代审美需要的童装色彩。

图 7-11　互补色对比

图 7-12　撞色对比

四　儿童羽绒服细节设计

在羽绒服的服装造型中，细节的设计是必不可少的，良好的细节设计能够有效提升服装造型的整体效果，甚至会决定服装造型是否能够达到预期的效果，因此对于细节的设计是考虑的重要方面。服装细节元素的设计为服装带来不一样的效果，使每款服装都有精彩的亮点。作为设计师要不断发现新的思路，不断创新思考，什么样的设计思路才是最可行的。只有不断思考，不断总结和探索，才能真正做到服装的细节与现代设计的完美融合。

将细节的设计用于服装的某些部位，如领部、袖口、门襟、下摆等，局部用图案点缀来打破整体单调感，并且强化服装的局部设计，形成视觉中心，服装上的细节设计虽然有变化但不显零乱，突出重点，主次分明。运用得当、别出心裁的细节，可以与服装的造型、色彩、工艺、材质共同创造出服装的艺术美和整体美。

对于充满童趣的儿童羽绒服而言，服装配饰在很大程度上体现了父母的品位与修养。协调的搭配、和谐的色彩，看似不事雕琢，却能不言中道出内在的文化与审美修养。儿童羽绒服装在整体设计中以造型轮廓为主，以装饰细节设计为辅，细节的处理增强了服装整体的个性与活力。在服装不同部位的线迹，既发挥了固定填充物的功能，又使羽绒服的外观更有创意上的变化，打破传统服装沉闷的感觉。大多数羽绒服都选用相同的面料材质进行制作，这就意味着色彩和图案的统一，在色彩上的创新设计受到一定局限。虽然有服装造型、绗缝线迹等的变化，但整体效果平淡而无鲜明的特色。此时就需要在羽绒服装饰细节上进行创新设计，达到点缀和强调的效果。在羽绒服装饰细节上进行创新设计需要采取各种手段。

图7-13 帽子细节设计

在羽绒服装饰细节上进行创新设计，会选择比较重要的部位，使之产生呼应的效果。但是切忌将装饰细节到处滥用不分主次，同时还要把细节的创新设计融入到羽绒服装的整体风格之中。比如帽子细节的设计，帽子作为羽绒服中的重要组成部分，除了它方便穿脱的性能以外，也具有装饰和美观等作用。随着设计多样化，帽子也时常作为设计点出现在服装上，在细节上的变化应用设计也会影响服装的审美变化，局部与整体的相互关系是一个设计原则上的把控和协调（图7-13）。

纽扣设计细节。纽扣除了在服装上的排列和款式变化，在材质上多种多样，包括铜、铁、包布、塑料等，颜色上也不再像当初那样沉闷，会根据服装整体颜色做调整或者点缀。形态除了圆形也会有其他不同的样子。在纽扣上刻字或者做浮雕已经成为设计师惯用的设计手法，对于追求个性化定制的小众群体，以纽扣为设计元素点既有细节点缀又不至于太过夸张（图7-14、图7-15）。

分割线和褶皱在服装造型设计中，常常都是作为一个整体而存在的，这主要是因为单纯的使用分割线或者是褶皱，难以形成一个较为完整的设计，而通过分割线和褶皱工艺，能够较好地呈现服装造型效果，能够使得服装造型更加完整，同时也能够让分割线和褶皱更好地实现互补和强调的功能，更好强调服装造型的设计重点（图7-16）。

图7-14 纽扣运用（1）

图7-15 纽扣运用（2）

图7-16 褶皱运用

五 儿童羽绒服图案设计

服装图案的运用是服装设计中常触及的一个关键点，可以说图案是一种装饰性的艺术，是装饰性和使用性相结合的一种美术形式，服装图案就是这种美术形式的完美体现。它是自然的浓缩和智慧的结晶，以丰富的色彩、独特的构造来达到它强烈的视觉冲击力和艺术感召力，借助服装这个载体充分表现出来。如果说服装是一种文化，那么服装图案则是这种文化的载体。

同时，图案纹样本身就是一种情感符号，它汇集了一个民族的传统文化和地域文化，蕴藏着一定约定俗成的文化内涵，反映了一个时代的精神面貌，表达了一个民族特定的生活情操和审美观念（图7-17、图7-18）。

图7-17　熊猫图案　　　　　图7-18　组合图案设计

通过服装图案的合理搭配可以有效提升服装品质效果，实现服装的艺术价值品质的提升。根据服装设计要求对图案样式进行设计，加强图案的个性化，保证图案的通用性。服装图案的设计是一种美学思想的设计，服装图案的产生与服装文化的快速发展有关系。图案的表现形式可概括为三种：一类是以自然性、人造物等客观存在的现实形象为依据的具象类服装图案；一类是以几何形、随意形等为主体的抽象类服装图案；一类是具象和抽象拼合在一起的组合型图案。

（一）具象图案

具象图案即指模拟客观存在的具体物象的图案。具象图案的传达、表征作用十分明了直接，是一种很容易让人们接受的形式，相对而言，具象图案在休闲装、童装、青年装以及女装中使用较多。具象类服装图案按内容又可分为：花卉类、动物类、字母类等。

1. 花卉类图案

花卉图案在童装设计中运用比较广泛，是其他图案类型所不能比拟的。花卉形象的最大特点在于其灵活性强和适应性广，儿童服装花卉图案，如玫瑰、向日葵、五瓣花是常见的素材，工艺特征以印花为主。国内花卉图案更注重色彩的变化，国外花卉图案更注重细致的工艺表现手法。国外童装图案，工艺比较精致，运用刺绣、贴布、绣珠两种以上工艺手段完成，甚至花卉的每个花蕊都用不同的颜色表现出来（图7-19～图7-21）。

图 7-19 小红花图案设计

图 7-20 花卉图案设计（1）

图 7-21 花卉图案设计（2）

2. 动物类图案

动物图案是最受儿童喜欢的图案素材，以印花、拼贴工艺为主，动物以常见动物为主。儿童在喜欢动物的时候，能够联想到很多关于动物的场景，或者喜欢动物的某些特质，而这些特点可以很好的在童装图案中表现出来。动物形象图案通常是野性的象征，特别是使用猛兽类的形象图案时，我们通常与性感挂钩，但使用性情温和的动物形象图案时，带给人的第一感觉会同动物的特征类似，如骏马带给人自由奔放的感觉，兔子带给人温柔可爱的感觉等。在运用动物图案的时候可对动物原型进行打散再组合，是把动物的主体打散，再把动物有特征的部分按照一定的审美组合和其他元素再重新构成新的画面。这种图案在心理和视觉上形成荒诞性的意味，但图案本身却具有很强的装饰性（图 7-22 ~ 图 7-24）。

图 7-22 小熊图案设计

图 7-23 小狗图案设计

图 7-24 卡通图案设计

3. 字母类图案

在服装的图案装饰中，字母类的使用是比较普遍的，无论鞋帽、外套、衬衫、裤子，还是运动衣、休闲装等，都能见到这种装饰的服装。字母图案有两大特点，首先，文字具有丰富的表现性和极大的灵活性，因为不管哪种文字或者字母都具有多种字体或者形式，可塑性比较强。同时字母类可以单独使用，也可成词、成句、成文使用，可以明确表意，传达信息，也可仅仅作为装饰形象。

其次，字母类具有较强的适应性，很容易与其他装饰形象相结合。更为重要的则是字母类图案具有鲜明的文化指征特点，无论怎样强调其形式感、装饰性，任何一种文字都明白无误地指征着它所属的国家、民族或地域，所涵盖的意义和引起的联想远远超出了其自身的内容和形式，这种独特的艺术魅力赋予了它们强烈的文化使命（图7-25、图7-26）。

（二）抽象图案

抽象图案被广泛应用于服装设计中，不仅可以作为装饰装扮服装，提高服装的个性化，也可以加入产品功能中，因此抽象图案对于现代服装设计师而言是一种可以深入挖掘、发展的设计思路。只有深入了解抽象图案的含义才能更加明确运用意义，抽象图案是指不直接模拟客观物象形态，而以抽象的点、线、面、形、肌理、色彩等元素按照形式美法则组成的图案。抽象图案在服饰中应用甚广，表现形式非常丰富，如几何图案、随意图案、幻变图案、肌理图案等。抽象就是将人们对世界万物的感觉，用特定的图像符号表达出来。因此要理解抽象的东西，就学会从内心感受它们，了解它们的规律，掌握其运用技巧。

1. 几何图案

以几何形为装饰形象的服饰图案历史非常久远，而且每个时代、每个民族都赋予它不同的特点和风貌。当代的几何形服饰图案的特点主要在于强调其自身的视觉冲击力。它那单纯、简洁、明了的特点及严格的规律性很符合现代文明的价值取向和人们的审美趣味。几何形服饰图案一般以方、圆、三角及各种规矩的点、线、面为主体形象，组织结构规律而严谨，具有简约、明快、秩序感强等特点，容易被消费者所接受（图7-27、图7-28）。

2. 无规则图案

无规则图案是一种非常自由的抽象类图案，它不遵循固定的形式法则，具有非常宽泛的定位。这种图案形象本身似信手涂来，而且在服装上的装饰部位也无任何法度和规律，常以随意的色彩、不和谐的分割、歪歪扭扭的形状，漫不经心地"涂鸦"装饰在服装上，体现出一种轻松、奇异、洒脱、别出心裁的风格。随意形服饰图案主要反映了人们不愿意受约束、追求自我宣泄、自我表现的心理需求。当然，也有一定的社会思潮及现代艺术流派所竭力倡导的反传统、反主题、反具象等艺

图7-25　字母图案设计（1）

图7-26　字母图案设计（2）

图7-27　方格图案设计

项目七　儿童羽绒服设计

主张的影响。同时还能将人们喜闻乐见的生活事物,将它的精华进行提取、抽象、夸张,表现在服装上,可以引起大家的共鸣,同时也非常具有流行性和趣味性。随着全球一体化的不断深入和发展,人们的审美品位逐渐提高,越来越重视个性化,尤其体现在着装方面。服装设计师及消费者对于服装都希望追求视觉上的愉悦,因此现代服装设计也朝着多元化、个性化的方向发展,抽象图案具有形色和谐、自由以及不可辨识性等特点,对于服装设计而言是一种新的设计思路,未来抽象图案的应用必然会成为服装设计的时尚流行趋势(图7-29、图7-30)。

服装图案的位置对服装设计具有不同的效果,合理的服装图案位置是服装设计的点睛之笔。服装设计中,需根据特殊位置、特殊图样进行区分。例如,口袋、领口、袖口、下摆等,这些位置如果装饰得体,合理的位置配置有效的图样,可以有效提升设计效果。随着经济和社会发展,童装的消费比重逐年上升,人们对童装的审美越来越重视,在讲究质量款式的同时对服饰图案更是非常重视。因此,根据儿童的生理心理特点,合理选择服饰图案,加大服饰图案的宣传力度,将趣味性与实用性相结合,并利用服装图案来刺激消费,已成为当下童装设计者进一步思考的问题。

图7-28 菱形图案设计　　　图7-29 抽象线条图案设计　　　图7-30 块面图案设计

任务2　项目案例实施

一　项目主题:奇思妙点

二　灵感解析

设计理念来源于草间弥生的波点世界。她的创作被评论家归类到相当多的艺术派别,包含了女权主义、极简主义、超现实主义、原生艺术、波普艺术和抽象表现主义等,她相当于是现代艺术多种风格的一个融合体,她的圆点明亮而又纯粹,具有生命色彩(图7-31)。

图 7-31　灵感解析

三 配色解析

色彩永远是视觉设计三要素中视觉产生反应最快的一种，在本主题色彩设计上，偏向选择带有鲜艳色彩的暖色调。观察草间弥生的大多数作品，会发现她本人钟爱红色，而且在很多作品中出现红色和蓝色的强烈对比，让作品更有反差的效果（图 7-32）。

图 7-32　配色解析

四 材质解析

这个系列大部分是羽绒,利用羽绒蓬松的特点,设计不一样的绗缝和分割,达到凹凸的立体效果。材质解析如图 7-33 所示。

图 7-33　材质解析

五 系列设计效果图

系列设计效果图如图 7-34 所示。

图 7-34　系列设计效果图

六 系列设计款式图

系列设计款式图如图 7-35 所示。

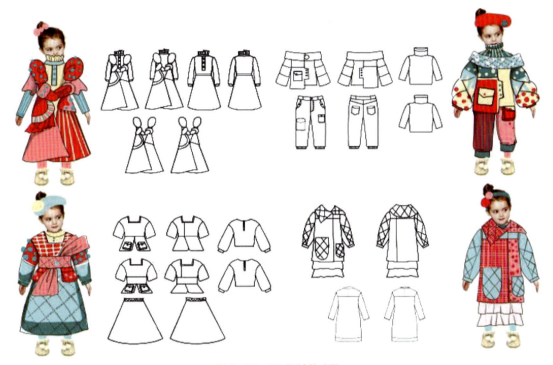

图 7-35　系列设计款式图

七 系列设计成衣展示

系列设计成衣展示如图 7-36 所示。

图 7-36　系列设计成衣展示

项目七　儿童羽绒服设计

任务3　品牌羽绒服赏析

品牌羽绒服赏析如图 7-37 ~ 图 7-52 所示。

图 7-37　GXG.KIDS 女童羽绒服

图 7-38　GXG.KIDS 男童羽绒服

图 7-39　斐乐男童羽绒服

图 7-40　斐乐女童羽绒服

图 7-41 LAVI 女童羽绒服

图 7-42 LAVI 女童羽绒服

图 7-43 E-LAND KIDS 男童羽绒服

图 7-44 E-LAND KIDS 女童羽绒服

图 7-45　马拉丁男童羽绒服

图 7-46　马拉丁女童羽绒服

图 7-47　Teenie Weenie 女童羽绒服

图 7-48　马拉丁女童羽绒服

图 7-49 未来之星女童羽绒服

图 7-50 Paw in Paw 男童羽绒服

图 7-51 LALABOBO 女童羽绒服

图 7-52 LALABOBO 女童羽绒服

项目八

组合式童装设计

任务1　组合式童装设计要素

一　组合式童装概述

组合式童装是对儿童日常穿着单品进行整体搭配，使消费者在购买时就可以配套使用的一种形式。组合式童装形式丰富，可变性强，具有良好的调节作用，例如：衬衫＋马甲＋长裤、衬衫＋半身裙、T恤＋背带裤、连衣裙＋小外套等形式，特别适合早晚凉爽，中午气温上升的春秋季节穿用；在气温较低的深秋和冬季，通常把毛衫、牛仔衬衣、羽绒服、棉服、大衣、背心裙等单品进行搭配，还可以把不同类别的服装按照不同风格搭配在一起，呈现多种效果，比如蕾丝衬衫搭配毛呢外套和公主裙，就有了甜美淑女风格；把T恤、毛衣与牛仔外套搭配就呈现出了休闲风格。总之，组合式童装可以根据不同需求，把服装交叉搭配着穿着，加以适当的配饰，呈现出多种效果和多种穿法（图8-1～图8-10）。

图8-1　衬衫＋马甲＋长裤

图8-2　衬衫＋半身裙

图8-3　T恤＋背带裤

图8-4　T恤＋马甲＋短裤

图8-5　连衣裙＋小外套（1）

图8-6　连衣裙＋小外套（2）

图8-7　羽绒服+蕾丝裙

图8-8　外套+衬衫+半裙

图8-9　牛仔外套+T恤（1）

图8-10　牛仔外套+T恤（2）

三　组合式童装色彩设计

组合式童装色彩设计，主要是针对不同童装单品的色彩组合与搭配，主要包括上装与下装、内搭与外套，以及上下、内外等色彩搭配关系（包含服饰品在内），此类型色彩搭配，同样遵循一般的童装色彩搭配规律。

（一）同色系的色彩搭配

运用同色不同质、色彩的明度差异以及色彩面积分割来体现服装整体搭配的层次美感（图8-11～图8-14）。

（二）邻近色的色彩搭配

邻近色的搭配方法给人一种和谐统一、柔和、亲切的效果，特点是比较舒适平稳。但需要注意色彩之间纯度和明度上的相互衬托关系。在相配色的几种颜色中应有主次、虚实的强弱之分，最简单的邻近色搭配是将暖色调的颜色搭配在一起，冷色调的颜色搭配在一起，平时可以利用邻近色的搭配穿出更丰富的颜色，从而让服装整体显得有层次，不杂乱（图8-15、图8-16）。

图 8-11　同色系的色彩搭配　　　图 8-12　同色系的色彩搭配　　　图 8-13　同色系的色彩搭配

图 8-14　同色系的色彩搭配　　　图 8-15　邻近色的色彩搭配　　　图 8-16　邻近色的色彩搭配

（三）中差色的色彩搭配

中差色是指色相环上反差在 90 度左右的色彩，中差色对比既不强烈又不是很弱，是对比适中的色彩搭配。如蓝绿色与黄色、蓝紫色，红色与蓝紫色、黄绿色（图 8-17、图 8-18）。

图 8-17　中差色配色　　　　图 8-18　中差色配色

（四）对比色的色彩搭配

由于对比色搭配会对人的视觉产生较强的刺激性，在服装单品进行搭配组合时，除了要注意色彩之间的对比关系，也要注意设计对象的年龄及生理、心理发育特点，例如强对比的色彩搭配一般不适用于婴幼儿服装（图8-19～图8-22）。

图8-19 对比色的色彩搭配（1）

图8-20 对比色的色彩搭配（2）

图8-21 对比色的色彩搭配（3）

图8-22 对比色的色彩搭配（4）

（五）无彩色与有彩色的搭配

无彩色与有彩色是非常和谐的色彩组合，是组合式童装最常见的一种色彩搭配方式（图8-23～图8-26）。

图8-23 无彩色与有彩色的搭配（1）

图8-24 无彩色与有彩色的搭配（2）

图8-25 无彩色与有彩色的搭配（3）

图8-26 无彩色与有彩色的搭配（4）

组合式童装在进行色彩搭配时，除了要注意服装单品之间色彩的协调性以外，还需要注意儿童本身肤色与服装色彩的关系。例如儿童肤色较暗，应首选高明度、高纯度的色彩搭配，以保证儿童穿着时色彩醒目、精神。如果儿童肤色较亮，那么对色彩的适应范围就会相对宽一些，粉色、黄色、红色等，都会彰显出儿童活泼、亮丽的天性；即便是穿灰色、黑色等无彩色系，也会显得清秀、雅致，给人一种"浓妆淡抹总相宜"的感觉。在注重色彩与儿童的肤色相适应的同时，还要注意儿童的体形与服装色彩的搭配。如果是一个较胖体型的儿童，可选择灰、黑、蓝等冷色或深色作为主色调，适当搭配小面积靓丽色彩，这样的色彩搭配既可以在视觉上起到收缩作用，又不失儿童活泼的本性；如果孩子比较瘦弱，尽量选择一些暖色系的童装单品进行搭配，如绿色、米色、咖啡色等，这些颜色向外扩展的视觉效果，能给人健康、热烈的感觉。

三 童装的主要风格

童装的风格是由服装的整体款式、色彩、面料以及服饰品等组合而成，是由服装的外观形式表达出来的服装的内在含义和气质。它在服装的表面信息中迅速地由视觉形象转化为服装的精神面貌。独特风格的童装所表现的美感和魅力正反映了儿童的内在品质。孩子们通常凭个性和教养来选择自己喜爱的服装，以实现自我装扮的格调，长此以往，逐渐形成个人风格和穿着品位，并影响孩子的思想意识和道德品质。作为成人则必须要了解当前服装的风格特征以及儿童的个性、喜好，帮助儿童选择适合的服装，确立健康的审美意识，树立正确的世界观。儿童服装的风格层主要有如下几种。

（一）运动休闲风格

运动休闲风格服装是现代儿童最喜爱最普遍的着装风格之一。运动动休闲风格是以穿着与视觉上轻松、随意、舒适自由为主，能满足儿童各类社会活动、外出旅游、健身运动等活动需要，以追求服装的舒适、实用、轻便的功能。运动休闲风格童装外轮廓线形自然，装饰简洁，搭配随意多变，注重运动装元素和休闲元素相结合，穿着面较广。

运动休闲风格童装面料多为天然面料，棉、针织或棉与针织的搭配等；色彩搭配鲜明而响亮，白色以及各种不同明度的红、黄、蓝等在运动休闲风格童装中普遍使用。在设计细节上往往加入拉链、缉明线、嵌边等，还用夸张的口袋和多层式、封闭式、防护型等款式特点来满足儿童的运动需求。由于是针对儿童群体，还可以运用一些具有学院风格的徽章图案作为贴标装饰，增加服装的层次感设计，打球踢球，或嬉水游泳，或溜冰滑雪，或徒步旅行……让儿童的心灵和体魄在阳光充足的大自然中得到很好的呵护（图8-27～图8-30）。

图8-27 运动休闲风格（1）

图8-28 运动休闲风格（2）

图8-29 运动休闲风格（3）

图8-30 运动休闲风格（4）

（二）都市时尚风格

都市时尚风格是生活在现代都市里的儿童受到流行色、时尚元素和明星穿着等的影响而形成的一种着装风格，是成人的流行风格在他们身上的体现。现代的生活节奏也促使儿童较早地步入了时尚行列，结合抽象艺术、写真艺术、传统艺术和卡通艺术，形成了一些粗犷豪放与细腻精致并存的都市时尚风格的儿童服饰样式，或以变幻的直线条纹，或以夸张的卡通图案，或以简约的几何图形，或以传统的小碎花，在针织套头衫、喇叭长裤、时髦短裙和休闲斜肩挎包等儿童服饰中尽显现代都市的时尚风貌（图8-31～图8-34）。

图8-31 都市时尚风格（1） 图8-32 都市时尚风格（2） 图8-33 都市时尚风格（3） 图8-34 都市时尚风格（4）

（三）前卫炫酷风格

现代儿童服装受国际艺术的影响，把高科技的成果运用到服装中，与正统的观念相对立。从20世纪60年代的坎纳比市街头文化、70年代的幻觉艺术、80年代的乞丐装等风格的服饰演变成为现代的具有刺激、开放、离奇效果的儿童服装样式。前卫的时尚童装设计师们融合了现代各种前卫艺术风格、毕加索晚期的艺术风格和后现代解构主义的风格，构成了现代超前意识的时尚童装意象。他们用新型质地的面料，或用电脑印刷，或用高科技制作工艺，或用手绘涂染，在漏斗式体恤上、各种低腰裤低腰裙上、各种时尚童装上，在儿童服饰的口袋上、腰带上，佩戴的墨镜上、无指手套上尽情地表现前卫炫酷的艺术思想，形成了酷劲十足和富有前卫感的户外装。

未来儿童服装趋势的概念性设计，除了要考虑到创新之外，还需要表现出具有舞台感的视觉效果，这是发展进程中的必经阶段。这就要求在设计中可以抛开传统意义上对服装面料的特定模式，尝试选择一些流行前瞻性的更具未来感的面料。辅料的选择上也应该更有创意，更多地从美学角度出发强调其装饰性。由于设计的目的更偏向概念和流行趋势的表达，结合款式设计，创新就是最大程度上突破传统，只有进行深层次的挖掘，将个性化的元素与之紧密结合，才能创作出具有现代审美意义的创新款式，设计出更加夸张且具有张力和舞台表现力的作品，满足消费者日益增长的审美需求（图8-35～图8-38）。

（四）娇柔甜美风格

在儿童的成长阶段，每一个童真的心灵总会秘密隐藏着无数甜蜜的梦想，这是成长记忆中不可忽略的一部分，这种梦想将一直萦绕在充满梦想的女孩心中，由此引发了一部分

图 8-35　前卫炫酷风格（1）　图 8-36　前卫炫酷风格（2）　图 8-37　前卫炫酷风格（3）　图 8-38　前卫炫酷风格（4）

针对偏爱甜美可爱风格服装的消费者。这种风格的服装是一种很传统的服装样式，是一种女性味十足的少女装，它最先源于西方的唯美主义，以束腰的 x 造型为样式，配上灯笼袖和灯笼式蓬松的裙式，加上装饰的荷叶边、皱褶、镂空花纹以及绣花图案。色彩上多使用浅淡色调，如浅粉、浅蓝、粉紫、淡黄、白色等色彩，面料上也通常采用印花、刺绣、高支纱的细布、雪纺绸或者蕾丝拼接等，淡雅含蓄的小花纹在胸前、腰部、下摆和袖口等作点缀装饰，更显可爱纯真。娇柔甜美风格童装整体给人一种温柔、清纯、可爱和美丽的洋娃娃感觉，是女童出席正式场合最常见的服装样式（图 8-39～图 8-42）。

图 8-39　娇柔甜美风格（1）　图 8-40　娇柔甜美风格（2）　图 8-41　娇柔甜美风格（3）　图 8-42　娇柔甜美风格（4）

（五）学府绅士风格

学府绅士风格是指富有知识型、有教养感觉的着装，它既端庄纯朴，又严肃简洁，给人一种智慧干练、干净斯文的着装印象，男生穿着有庄重矜持的绅士派头，女生则显得清纯、干练，是一种追求个性我行我素的服饰表现。它的款式造型简练，强调合身的剪裁和线条的流畅有力，服装的外廓成直线形。男童装款式多为小西装、小西裤、背心、马甲、衬衣、领结、夹克、牛仔长裤等组合搭配，女童装款式多为连衣裙、背心裙、套裙、衬衣、领花、简洁的小套装搭配长裤等。这种服装融合校园文化，具有重要的审美教育价值，为塑造良好学生形象起到了积极的作用（图 8-43～图 8-46）。

图8-43　学府绅士风格（1）　　图8-44　学府绅士风格（2）　　图8-45　学府绅士风格（3）　　图8-46　学府绅士风格（4）

学府绅士风格最典型的是英伦学院风格。英伦学院风格是2006年Preppy Look一词兴起后，随之出现的一种英国古典特色的学院风，大体是指源自英格兰牛津、剑桥等知名学府中的学生惯常的装扮，主要是以简便、高贵为主，格纹是其主要特点，简洁且剪裁合身的款式，独特的含蓄气质在时尚潮流中延续表达，主色调大多为纯黑、纯白、殷红、藏蓝等较为沉稳的颜色。它与经典学院风在基本元素和搭配方式上很相似，两者同为学院风发展至今识别性最强、最原汁原味的类型，几乎不分伯仲，但前者由于跟"英伦"两字沾了边，更多了点随意叛逆的感觉。最常见的搭配就是西装搭配苏格兰呢裤子，或者灰色的西服裤，搭配方式整体上可以参考经典学院风，但在细节上稍做一些调整即可，还可以从配饰入手，做搭配的时候多选用一些样式比较流行的包、鞋子、围巾、手表等（图8-47～图8-50）。

图8-47　英伦学院风格（1）　　图8-48　英伦学院风格（2）　　图8-49　英伦学院风格（3）　　图8-50　英伦学院风格（4）

（六）田园风格

田园风格童装的设计，是追求一种不要任何虚饰的、原始的、纯朴自然的美。现代工业中污染对自然环境的破坏，繁华城市的嘈杂和拥挤，以及高节奏学习和生活给现代儿童带来的紧张繁忙情绪造成种种精神压力，使儿童不由自主地向往精神的解脱与舒缓，追求平静单纯的生存空间，向往大自然。而田园风格服装宽大舒松的款式和天然的材质，为儿童带来了悠闲浪漫的心理感受，具有一种悠然的美。这种服装具有较强的活动机能，很适合儿童郊游、散步和做各种轻松活动时穿着，迎合现代儿童的生活需求。

田园风格的设计特点是崇尚自然而反对虚假的华丽、烦琐的装饰和雕琢的美。它摒弃了经典的艺术传统，追求古代田园一派自然清新的气象，在情趣上不是表现强光重彩的华美，而是纯净自然的朴素，以明快清新具有乡土风味为主要特征，以自然随意的款式、朴素的色彩表现一种轻松恬淡的、超凡脱俗的情趣。他们从大自然中汲取设计灵感，常取材于树木、花朵、蓝天和大海，把触角时而放在高山雪原，时而放到大漠荒岳，虽不一定要染满自然的色彩，却要褪尽都市的痕迹，远离谋生之累，进入清静之境，表现大自然永恒的魅力。纯棉质地、小方格、均匀条纹、碎花图案、棉质花边等都是田园风格中最常见的元素。荷叶边、泡泡袖、圆蓬裙，这些少女味十足又充满质朴乡村风情的元素，无不表达着健康朴实、随性自然、蓬勃向上的女童特质（图8-51～图8-54）。

图8-51　田园风格（1）　　图8-52　田园风格（2）　　图8-53　田园风格（3）　　图8-54　田园风格（4）

（七）民族风格

民族风格童装，即在传承和借鉴传统民族服饰元素的基础上，结合现代生产、生活、社交等场合的需求而设计的兼具民族元素和现代服装设计元素的儿童服饰，这种风格的服装具有乡土气息和民族文化的风味，真正做到在传统与时尚的隧道中穿插、嫁接少数民族服饰图案的元素，使传统与现代文化间的精髓相互融合、相互碰撞，和谐发展。其服饰特征不仅具备样式丰富、色彩纷呈、表现手法多样等特点，同时还多赋有深刻的蕴意，常常以民族的、民间的、传统的吉祥物为装饰图案，或是以民间的成语、寓言的主题为内容来进行装饰，用刺绣、十字绣、电脑绣、中国结、中式纽扣等元素，运用扎染、滚边、花边镶嵌等手法来进行设计和制作，搭配造型多是中式样子，色彩经常运用对比色和浓艳的色彩组合。民族风格的儿童服装作为节日盛装或礼服最好。

随着我国综合实力的提升，中华文化对世界文化的影响越来越大，服装设计是一种独特的文化表现形式，将传统元素与时尚元素相融合能够碰撞出层次更丰富、形式更新颖的服装样式，同时服装设计应该充分考虑流行趋势，符合市场发展需求，这样才能更好地促进服装行业的健康可持续发展，使服装焕发出更加蓬勃的生命力（图8-55～图8-60）。

图 8-55 民族风格（1）

图 8-56 民族风格（2）

图 8-57 民族风格（3）

图 8-58 民族风格（4）

图 8-59 民族风格（5）

图 8-60 民族风格（6）

波西米亚风格是民族风格中具有代表性的一种风格，指一种保留着某种游牧民族特色的服装风格，其特点是鲜艳的手工装饰和粗犷厚重的面料。层叠蕾丝、蜡染印花、皮质流苏、手工细绳结、刺绣和珠串，都是波西米亚风格的经典元素。波西米亚风格代表着一种前所未有的浪漫化、民俗化、自由化，也代表一种艺术家气质，一种时尚潮流，一种反传统的生活模式。波西米亚服装提倡自由、放荡不羁和叛逆精神，浓烈的色彩让波西米亚风格的服装给人强烈的视觉冲击力（图 8-61 ~ 图 8-64）。

（八）中性风格

中性风格童装是类似于成人中性风格服装的儿童着装风格，是指穿上去比较男童化的男女儿童皆可穿的服装，是弱化性别特征、部分借鉴男童装设计元素的、有一定时尚度的服装风格。如普通T恤、一般的运动服、夹克衫、牛仔装等都属于比较中性的服装。在廓形上忽略性别的明显特征，以直身形、筒形居多。分割线比较规整，多为直线或斜线，曲

图 8-61　波西米亚风格（1）　图 8-62　波西米亚风格（2）　图 8-63　波西米亚风格（3）　图 8-64　波西米亚风格（4）

线使用较少。在肩、腰、臀等部位的处理都显现出弱化的态度，尽量避免一些女性化元素出现，比如蕾丝、蝴蝶结、珍珠等特性，袖子以装袖、插肩袖为主，使用袖克夫、衬衣袖等收紧式或直筒式袖口。色彩明度较低，灰色用的较多，较少使用鲜艳的色彩，更加讲究穿着体验上的自然与舒适。时尚与简约之间的处理相得益彰，充分展现休闲新面貌，中性风格服装整体给人无拘无束和带有野气感觉的男孩子味道，是适合儿童日常休闲的装束（图 8-65 ～图 8-68）。

图 8-65　中性风格（1）　　图 8-66　中性风格（2）　　图 8-67　中性风格（3）　　图 8-68　中性风格（4）

（九）卡通风格

卡通风格童装以性格鲜明、造型独特的卡通形象深受儿童的喜爱。伴随着各种卡通动画片的热播和宣传，卡通形象与童装市场越来越紧密的融合。儿童特别容易受动画片中各类卡通形象的影响，穿着打扮都喜欢用他们认同的东西，他们会把动画人物作为自己心目中的偶像，比如天线宝宝、变形金刚、超级飞侠、小猪佩琪等，将这些形象融入童装，会带给孩子更多的童话遐想空间。这类童装在设计上最大的特色就是不同卡通形象的使用，设计以某一卡通形象为中心，其性格、造型成为服装内涵的基础，使穿着此服装的儿童在性格、心理上产生互动，从而产生某一角色的代入感。例如，儿童穿着有超级飞侠形象的服装，就会觉得自己是乐迪，威风神气、机智勇敢（图 8-69 ～图 8-72）。

项目八　组合式童装设计

图 8-69　卡通风格（1）　　图 8-70　卡通风格（2）　　图 8-71　卡通风格（3）　　图 8-72　卡通风格（4）

任务2　项目案例实施A

一　项目主题：PLAY

二　灵感来源

孩子的世界就像丰子恺的漫画一样，他们想象自己长大的样子，所以会偷戴爸爸的帽子，偷穿爸爸的皮鞋，会给四个凳子脚套上鞋，会用蒲扇。整个系列用提花、数码印花、立体印花、立体造型等多种方法来表现丰子恺的漫画，还加入了不同手法编织出的毛线衣，用明亮有趣的球球做点缀来呼应整体（图8-73）。

图 8-73　灵感来源

三 色彩分析

色彩分析如图 8-74 所示。

图 8-74 色彩分析

四 款式分析

款式分析如图 8-75 所示。

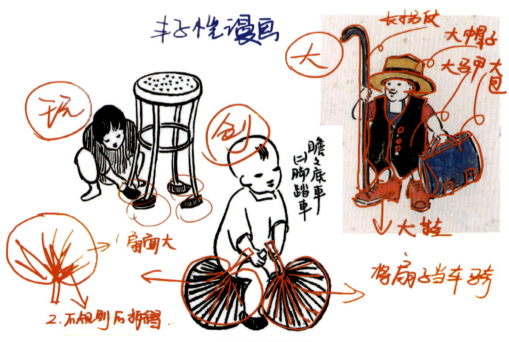

图 8-75 款式分析

五　配饰解析

配饰解析如图 8-76 所示。

图 8-76　配饰解析

六　系列设计效果图

系列设计效果图如图 8-77 所示。

图 8-77　系列设计效果图

七 系列设计款式图

系列设计款式图如图 8-78 所示。

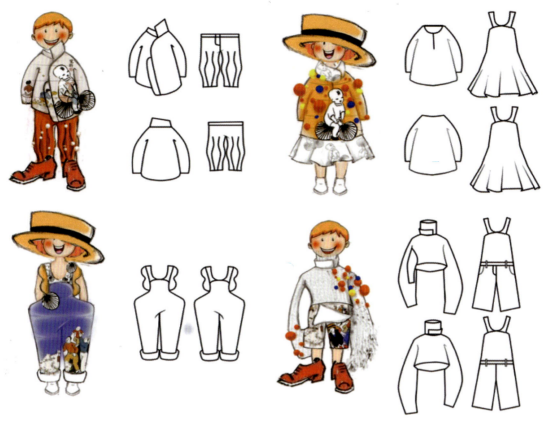

图 8-78 系列设计款式图

任务3 项目案例实施B

一 项目主题：爱的棉花糖

二 灵感来源

本系列服装从儿童成长需要出发，从美学的创意元素中寻找灵感，以简约、轻时尚、色彩明亮的健康舒适穿搭风格，表现出孩子天真烂漫、率真可爱的天性，让孩子拥有一个勇敢、健康、充满阳光和快乐的童年时光（图 8-79）。

图 8-79　灵感来源

三 色彩分析

色彩分析如图 8-80 所示。

图 8-80　色彩分析

四 款式分析

款式分析如图 8-81 所示。

图 8-81 款式分析

五 面料分析

面料分析如图 8-82 所示。

图 8-82 面料分析

六 系列设计效果图

系列设计效果图如图 8-83 所示。

图 8-83　系列设计效果图

七 系列设计款式图

系列设计款式图如图 8-84 所示。

图 8-84　系列设计款式图

八 系列设计成衣展示

系列设计成衣展示如图 8-85 所示。

图 8-85　系列设计成衣展示

任务4　品牌童装赏析

品牌童装赏析如图 8-86 ～图 8-97 所示。

图 8-86　BENXI 2019 秋冬

图 8-87　BENXI 2019 秋冬

项目八　组合式童装设计

图 8-88　BENXI 2019 秋冬

图 8-89　BENXI 2019 秋冬

图 8-90　Silance 2019 秋冬

图 8-91　Silance 2019 秋冬

图 8-92　Silance 2019 秋冬

图 8-93　Silance 2019 秋冬

图 8-94　Zaza Couture 2019/20 秋冬

图 8-95　Zaza Couture 2019/20 秋冬

图 8-96　Zaza Couture 2019/20 秋冬　　　　图 8-97　Zaza Couture 2019/20 秋冬

参考文献
REFERENCES

[1] 田琼. 童装设计. 北京：中国纺织出版社，2015.

[2] 崔玉梅. 童装设计. 上海：东华大学出版社，2010.

[3] 虞丽琳，邓洪涛. 基于市场调研的儿童毛衫设计要素与原则. 分析与探讨，2016 (10).

[4] 程静. 童装设计的原则探讨. 工业设计，2016 (11).

[5] 路晓丹. 浅谈服饰图案在童装设计中的运用. 辽宁丝绸，2018 (9).

[6] 叶恒. 童装设计中的色彩企划研究. 轻纺工业与技术，2018 (11).

[7] 刘腾. 浅谈面料再造在童装设计中的应用. 大众文艺，2019 (6).

[8] 潘璠. 牛仔服装艺术装饰的特点与创新设计. 陕西科技大学学报，2011.

[9] 李爱英. 探析牛仔服装设计的现状与发展趋势. 山东纺织经济，2010.

[10] 周文杰. 牛仔服装的流行及设计. 浙江科技学院学报，2002.

[11] 贺聪华. 毛衫组织结构对服饰艺术表现力的研究. 湖南师范大学，2015.

[12] 汤中军. 牛仔服装设计风格及流变研究. 苏州大学.

[13] 张宁馨. "残破"牛仔服装设计的审美研究. 武汉纺织大学.

[14] 程煜. 基于牛仔时尚的可持续服装设计探究. 北京服装学院.